不确定条件下
单站无源定位技术

杨晓君　沈　涛
王　榕　秦伟伟　著

U0195885

西北工業大學出版社

【内容简介】 单站无源定位技术是一种定位设备本身并不主动发射信号，而是仅依靠分析所接收的辐射源的信息，来实现目标定位的技术。该技术具有电磁隐蔽性好、结构简单、安全性高等优点。针对现有单站无源定位方法需要建立准确模型，不能较好地解决不确定条件下的无源定位问题，本书在介绍现有国内外单站无源定位方法的基础上，着重介绍了不确定条件下单站无源定位方法，详细阐述了无源定位体制、模糊可能性分布、模糊滤波、高非线性系统定位等方面的研究成果；进一步将无源导航应用到飞行器导航中。

本书可供从事信号与信息处理、无源定位、状态估计、模糊不确定等方面的科研人员和该专业方向的研究生学习、研究使用。

图书在版编目(CIP)数据

不确定条件下单站无源定位技术/杨晓君等著．—西安：西北工业大学出版社，2015.8

ISBN 978-7-5612-4534-7

Ⅰ.①不…　Ⅱ.①杨…　Ⅲ.①无源定位—研究　Ⅳ.①TN971

中国版本图书馆CIP数据核字(2015)第194996号

出版发行：西北工业大学出版社

通信地址：西安市友谊西路127号　　**邮编**：710072

电　　话：(029)88493844　88491757

网　　址：www.nwpup.com

印 刷 者：陕西天意印务有限责任公司

开　　本：850 mm×1 168 mm　1/32

印　　张：5.875

字　　数：108千字

版　　次：2015年10月第1版　2015年10月第1次印刷

定　　价：38.00元

前　言

单站无源定位与跟踪系统具有电磁隐蔽性好、结构简单、安全性高等优点，在军事领域中具有广泛的应用前景，在导航、定位和跟踪等领域起着重要的作用，因此，引起了越来越多人的重视。近 10 年来，这一技术得到了进一步的发展，新的定位体制和滤波跟踪方法被提出。然而，现有的单站无源定位方法都是建立在概率基础上的，需要大量的统计样本(实际很难得到)。另外，能得到的信息只能是不精确的专家知识和经验数据，存在着大量的“可能”“大概”等知识，这些知识无法用计算机进行描述。

模糊数学(方法)是一种新兴的分析方法，其目的就是利用模糊集合来表示一些模糊信息。与普通系统相比，模糊系统具有以下优点：模糊逻辑具有较好的非线性处理能力，对先验知识要求较少，不需要建立确切的模型，只需要定性的知识等。本书在介绍现有国内外无源定位方法的基础上，对模糊单站无源定位系统进行了深入的研究，建立了一种新的模糊单站无源定位系统模型。在此模型下，重点介绍笔者在单站无源定位方法、模糊无源定位以及高非线性下的无源定位等方面的研究成果。

全书共分 5 章。第 1 章是绪论，阐述本书的研究背景和意义，全面而系统地分析了无源定位方法的国内外发展现状，提出了单站无源定位研究领域中一些亟待解决的问题，确立了本书的研究内容和研究思路。第 2 章分析了现有单站无源定位方法的不足，建立了一种新的模糊单站无源定位框架，推导了模糊条件下的非线性最小二乘估计，提出了一种模糊单站无源定位方法。第 3 章基于运动学原理，利用相位差、相位差变化率和频率变化率观测信息，提出了一种新的单站无源定位体制 (PFRC) ，并分别推导了二维平面目标和三维空间目标的定位与跟踪原理，详细研究了该单站无源定位算法的可观测性原理、测距误差和最优估计。第4章为了减少高非线性系统的线性化误差，基于最大后验概率准则，推导了迭代模糊扩展Kalman滤波方法（IFEKF），并证明该迭代方法是高斯-牛顿法的一种应用。第5章研究了模糊单站无源定位方法在导航中的应用，提出了一种无源导航的思路。进一步，给出了一种新的组合导航方式，从而提高了导航精度。

目前，无源定位技术发展迅速，在军事和民用中都得到了广泛应用。随着对无源定位技术研究的不断深入，相关知识也将进一步发展，本书不可能覆盖所有内容，但愿可以起到抛砖引玉的作用。

感谢第二炮兵工程大学和清华大学的邹红星、刘刚、周志杰、郭金库、汪红桥、樊红东、胡来红、黄拳章、何兵、孙振生等老师和同学的帮助。本书的出版得到了国家自然科学基金(61304240、61401471)、中国博士后科学基金(2014M552589、2014M562636)、中国博士后特别资助(2015T81114)等项目的资助。撰写本书曾参阅了相关文献资料，在此，谨向其作者深致谢忱。

由于水平有限，书中不足之处在所难免，恳请读者和专家多多指正，不胜感激。

著　者

2015年6月

目　　录

第1章 绪　论

1.1 课题研究背景和意义

雷达等有源定位技术具有全天候和高精度的优点，但由于需要自身发射电磁波，因此容易暴露自己，被对方干扰，甚至被摧毁。特别是20世纪60年代以来，反辐射导弹的出现和使用，对雷达等有源设备的生存构成了严重的威胁。一方面，为了弥补有源定位方法的不足，人们在积极改进有源定位方法的同时，开始了无源定位方法的研究；另一方面，为了提高电子情报侦察能力，增强电子干扰设备的对抗能力，提高火控武器的作战能力，也需要进行无源定位研究。因此，对辐射源的无源定位技术的研究，引起了人们的重视，并形成了一股热潮。

无源定位技术[1-3]是一种定位设备本身并不主动发射信号，而是仅依靠分析所接收的辐射源的信息，来实现目标定位的技术。它可以利用未知位置的辐射源的辐射信息，确定出该辐射源的类型和辐射源的空间或地理位置；或利用已知地理位置的辐射源来确定航行中物体的空间或地理位置，这也是导航和制导定位中的一项重要的技术手段。与有源定位方法相比，无源定位方法具有隐蔽接收、不易被对方发觉的优点；又因为无源定位观测站接收直接来自目标辐射源的信号，具有信噪比高的优点，因此又具有探测距离远的优点。无源定位技术在现代一体化防空系统、机载对地对海攻击、对隐身目标的远程预警系统方面有十分重要的应用，对于提高系统在电子战环境下的生存能力和作战能力具有重要作用，同时在航海、航空、宇航、侦察、测控、救援和地球物理学研究中也扮演着重要的角色。

现有的无源定位大多是多站无源定位，即由多个空间上分散配置平台上的接收机同时对辐射源信号进行接收处理，从而确定出多个定位曲面（如平面、双曲面、球面等），并通过这些曲面相交，得到目标的位置。它主要利用不同平台定位曲面之间差异较大这一特点来定位，因此具有速度快、精度高等优点。但是，多站无源定位是靠多平台之间的协同工作，需要进行的大量数据传输，因此，多站无源定位系统相对较复杂，且当系统平台需要机动时，系统的复杂性更高[4]。单站无源定位技术，是指利用一个观测平台上的单个或多个接收机，对目标辐射源进行定位和跟踪的技术。该技术避免了多个观测平台之间的同步工作和数据传输，具有灵活性大、结构简单和易于工程实现等优点。本书以单站无源定位为研究背景。

1.2 国内外研究现状

科学进步和实战需要推动了无源定位技术的发展，引起了国内外的高度重视。目前,已有很多机构开始了这方面的研究。为了介绍方便,根据接收辐射源信息的类型,将无源定位系统分为两大类:一类是基于外辐射源的无源定位系统[5-8],辐射源包括雷达、广播电视、卫星通信和移动通信信号等,其中,根据外辐射源的从属关系,可将基于外辐射源的无源定位系统分为合作式无源定位系统和非合作式无源定位系统;另一类是基于目标辐射源的无源定位系统[9-10],辐射源包括雷达、通信、干扰和热量等,其中根据定位对象的不同,可将基于目标辐射源的无源定位系统分为无源定位和无源导航[11]。

1.2.1 基于外辐射源信号的无源定位系统

基于外辐射源的无源定位系统是指通过接收除目标外的照射源辐射信号的直达波和经过目标反射后的回波来获取目标信息的系统。可能利用的外辐射源有雷达信号、广播信号(调频、调幅、数字音频广播)、电视信号(模拟电视、数字电视)、移动通信(GSM, CDMA)信号、卫星(GPS等)信号、手机基站信号等。

该无源定位系统具有下述优点。

(1)造价低廉、抗干扰性强、隐蔽性好、不易被摧毁;

(2)各种广播电台等外辐射源分布广泛,探测系统的布站比较灵活,可以通过组网来提高协同作战的能力;

(3)该系统的天线都设置在贴近地面的高处,这对探测低空飞行的飞机和巡航导弹十分有利;

(4)工作频率比较低,具有较好的反隐性。

1.合作式无源雷达

合作式无源雷达就是传统双(多)基地雷达,其发射站和接收站在不同的位置。早期的雷达体制都是双基地雷达。1922 年,美国海军研究实验室(NRL)的 Taylor 博士和其助手 Young,采用类似于现在的双基地连续波雷达的设备,探测到正在河中航行的木制船[12]。第一次世界大战中,德国首先将 Klein - Heidelberg[13]应用于战争。这套设备接收来自英国的海岸防空雷达 ChainHome 的直射信号和来自目标的反射信号,通过测量两信号的时间差和测量反射信号的到达角来定位目标。

但自 1936 年发明了天线收发开关和 1940 年出现大功率脉冲磁控管后,雷达的发展主要集中在单基地雷达。直至 20 世纪五六十年代,为了对付“四大威胁”的挑战,双(多)基地雷达再次受到广泛的重视和研究。如:英国 Plessey 公司研制的近程警戒双基地雷达系统、伦敦大学工学院的双基地雷达试验系统;美国的“圣殿”(Sanctuary)防空双基地雷达系统、战术双基地雷达验证(TBIRD)系统、双基地报警和指示(BAC)系统、多基地测量系统(MMS);俄罗斯的 Barrier 雷达等[14]。

2.非合作式无源定位系统

非合作式无源定位系统采用机会发射源,其中包括电视、广播等民用辐射源。英、美、德等国的非合作式无源定位系统研究处于世界领先水平:英国主要研究基于电视信号的探测系统,美国主要研究基于调频广播信号的目标探测系统，德国主要研究基于手机信号的目标探测系统。

(1)基于广播信号的无源定位系统。华盛顿大学遥感研究小组 John D. Sahr 等人研究了用于探测电离层等离子体波动的 MRR(Manastash Ridge Radar)多基地被动探测系统[12]。美国华盛顿大学 Peter B.[15]设计了一种电离层无源成像系统，该系统采用广播信号(88～108 MHz)为发射源，通过接收电离层的反射信号来探测地球电离层的波动。

真正达到实用化、商业化的是美国 Lockheed Martin 公司在 1998 年研制出的沉默哨兵(Silent Sentry)[16]系统，并以 Gaithersburg 的调频广播电台为辐射源进行了验证性试验。Silent Sentry 系统成功地跟踪了在 Baltimore－Washington 国际机场起落的飞机。

(2)基于电视信号的无源定位系统。1982 年，伦敦大学的 Griffith 和 Long[17]发表了基于电视信号的双基地雷达系统方面的文献。1999 年，英国的 P. E. Howland[18]博士发表了基于电视信号的非合作式双基雷达深入研究的成果。该试验系统是以 Crystal Palace 电视台为发射机，接收机工作在 VHF/UHF 电视频段，以目标方向和多普勒频移为观测信息，并采用 Kalman 滤波算法完成目标定位与跟踪的。

法国 ONERA 的 Poulli 和 Lesturgie[19]描述的系统仅利用单一的多普勒信息对目标进行定位和跟踪目标。每个目标对应每个发射台都有一个多普勒频移，通过多个发射台建立一个联立方程组，从而实现对目标定位。该系统的不足是只能探测和跟踪近距离目标。另外，法国的 Carrara 和 Tourtier[20] 开展了利用高清晰度电视系统中的频率分集多元数字波形的研究。

(3)基于卫星信号的无源定位系统。德国 Diehl GmH&Co 公司对利用 GPS 系统作为照射源的无源防空多基地雷达系统进行了研究；芬兰技术研究中心研制了以法国电视直播卫星作为照射源的 SODAR 系统。另外，Griffiths[21] 等人研究了利用“马可波罗一号”电视直播卫星作为辐射源的定位系统；Volker Koch[22] 等人在 1995 年雷达国际会议上，提出了利用 GPS 进行被动定位的方法；McIntosh 和 Tsui[23] 分别于 1999 年和 2000 年发明了利用 GPS 和 GLONASS 卫星信号作为照射源的无源探测系统专利。

(4)基于手机信号的无源雷达。2002 年，德国罗克·马诺尔研究公司测试了一种试验型的多基无源雷达——手机雷达(CELLDAR)[24]。该雷达使用移动通信信号，可对陆上、海上和空中的运动目标进行跟踪。为了获得更精确的目标参数，U. M. D. Mendi 和 B. K. Sarkar[25] 采用两个 GSM 基站来对地面目标进行定位。2007 年，新加坡南洋理工大学的 Y. L. Lu[26] 等人展示了一种基于多信道 GSM 雷达的试验结果。该系统采用 4 个振子天线，4 个 GSM 信道，获得了较为准确的距离、多普勒和方向信息。

目前，国内关于基于外辐射源信号的无源雷达的研究已经十分深入，南京电子技术研究所、国防科技大学、东南大学以及上海航天技术研究院等院所正在从事基于电视/调频信号的无源定位技术的研究，但大多处于理论和实验阶段。

1.2.2　基于目标辐射信号的无源定位系统

基于目标自身辐射信号的无源定位系统，是指该系统通过目标自身辐射信号，利用信号处理的方法获得辐射信号的信息参数，如角度、多普勒、频率等，通过这些信息参数来实现目标的定位和跟踪。这类无源定位系统的突出优点是作用距离不受雷达截面积的影响，具备较强的信号适应能力和抗干扰能力，但当战时敌方目标采用无线电静默或远区静默时，基于目标辐射信号的无源定位系统就无法发现目标。

1. 无源定位

基于目标辐射信号的无源定位系统主要有[27]：捷克的“塔玛拉”雷达及其车载型“维拉-E”雷达；以色列的EL/L8300G和俄罗斯的“卡尔秋塔”，两者的基本配置都由3个传感器组成，通过测向交叉对目标进行定位。EL/L8300G采用了短基线时差和旋转测向相结合的体制，探测频率范围为0.5～18 GHz；另外，还有意大利ELETTRONICASPA公司研制的机动无源监视系统(MAPS)等。

美国基于“对敌防空压制”作战概念启动了“先进战术目标捕

获技术”(AT3)计划。该计划将测向交叉和时差定位技术应用到了飞机上,开发了“到达频率差”技术。该技术通过测量雷达信号的多普勒频移,并最终实现对雷达目标的精确定位[28]。另外,美国还研制了6个机载无源雷达[29]:无源测距系统(PRSS)、精确定位与识别系统(PLAID)、测向和定位系统(DFLS)、联合开发研究项目、LT 500无源瞄准系统、战术雷达电子战斗系统。

国防科技大学孙仲康教授课题组从1994年就开始了无源定位与跟踪技术的研究;信息产业部电子第29所、中国航天工业总公司航天二院、西安电子科技大学等单位也对无源定位与跟踪进行了理论研究。电子科技集团51所采用相位差变化率进行定位方法,并在直升机上进行了半实物仿真实验,证明了这种定位方法的可行性;国防科技大学电子科技与工程学院和兵器工业部合作,采用目标的多普勒频率变化率的观测值进行了实物外场实验,并取得了成功。

2. 无源导航

无源导航是指通过被动接收已知位置的辐射源的辐射信号,采用无源定位的方法获得自身的位置,从而实现导航。由于无源导航和无源定位都是接收目标的辐射信息,使用相同的定位方法,所以将它们归为一类。各种卫星导航设备被动地接收卫星信号,通过多站信息的联立来实现自身定位,本质上也是一种无源定位方式。现在主要的卫星导航系统有美国的GPS、俄罗斯的GLONASS、欧盟的GALIEO、中国的北斗系统等。

另外,也可利用已知位置的发射源,采用无源定位方法,获得自身位置,实现导航。如,文献[11]提出一种无源辅助导航方法。该方法以广播电台为辐射源,通过测得的相位差等信息实现无源导航。西安高科技研究中心和西北工业大学将无源定位技术应用到飞行器导航中,用以校正惯性导航,笔者也参与了该项目。

1.3 模糊单站无源定位有关问题

在许多应用场合下,人们不仅对目标辐射源的位置信息和目标的运动状态感兴趣,而且还需要对目标进行跟踪。实际上定位和跟踪往往是分不开的,因此称为"单站无源定位与跟踪"可能更合适。对目标进行定位跟踪的过程称为目标运动状态分析(Target Motion Analysis, TMA)[30]。

1.3.1 模糊单站无源定位系统

单站无源定位是一个典型的非线性滤波问题,最常用的是卡尔曼(Kalman)滤波器。Kalman 滤波是建立在数据递推基础之上的,它以递推滤波器作为其基本结构形式[31]。但是在实践中,经常遇到非线性的状态方程和观测方程,此时 Kalman 滤波就不再有效,这时需要引入扩展 Kalman 滤波(Extended Kalman Filter, EKF)方法[32],即将非线性观测量在预测点处进行泰勒展开后舍去高次项,线性化后代入 Kalman 滤波算法进行跟踪。但由于 EKF 估计方法具有依赖于初始状态估计、受测量噪声影响大等缺点，估计过程中协方差矩阵易出现病态，导致滤波定位结果不稳定。为此，许多研究工作者致力于研究更加稳定、精度更高的算法，如迭代的扩展 Kalman 滤波(Iterated EKF，IEKF)方法[33]，它在没有更新测量值的情况下采用滤波值和协方差阵进行多次迭代计算，从而得到更高精度的估计。另外，针对无源定位中 EKF 方法的不足，Song 提出了另一种修正增益的扩展 Kalman 滤波(Modifiabled Gain EKF, MGEKF)方法[34]，即如果观测方程的非线性函数是“可修正的(Modifiable)”，那么就可以用测量值计算 Kalman 增益的修正函数，从而对 Kalman 滤波的增益进行修正更新。随后 Galkowski 用更加简单的方法重新推导了只测角条件下的 MGEKF 滤波方程，用仿真验证了这种算法确实要比 EKF 方法优越[35]。后来 Guerci 又提出一种目标初始状态选定的方法以改进 EKF 或 MGEKF 的缺陷[36]。由于 MGEKF 方法需要寻找观测量的修正函数，因此当所用的观测量不满足可修正条件时，MGEKF 方法的稳定性和精确性达不到无源定位系统的要求。于是，一种修正协方差增益的 Kalman 滤波(Modified covariance EKF, MVEKF)算法，绕开了 MGEKF 方法中去寻找修正函数的问题，同时又保持了和 MGEKF 相近的性能，对于更一般的非线性滤波问题具有更广泛的实用性[37]。Julier and Uhlman[38] 提出了一种新的改进算法——UKF (Unscented Kalman Filter)算法，该方法基于 UT 变换，通过选取一些 Sigma 样点，近似随机变量经过非线性变化后的均值和方差，从而提高非线性滤波精度。粒子滤波[39]通过产生大量的“粒子”，由其散布情况来逼近状态的概率分布。但随着“粒子”数的增多，滤波器的计算量也成倍地增加。

上述基于Kalman的方法大都建立在准确的系统模型和确切已知的外部干扰信号的统计特性之上。然而，在大多数实际情况中，由于外部环境的变化、模型的变化、累积误差等因素，很难获得噪声的协方差矩阵。而错误的噪声统计特性会严重降低滤波器的性能，甚至导致滤波器发散[41-42]。例如，在组合GPS/INS系统中[43]和舰船在航行中[44]等，由于导航传感器的不确定的误差特性、观测模型的线性化过程误差、环境温度的变化等原因，噪声统计参数不能事先精确已知；另外，当系统参数不确切或随时间变化时，Kalman滤波方法也无法使用[45]。Nagpal[87]，Xie[88]提出了采用 H_∞ 对于不确定性系统进行鲁棒的Kalman滤波设计，但该方法也是建立在概率基础上的，需要对系统进行定量建模，不能做定性处理，也不能处理模糊信息。

对于系统中存在的模糊信息，不能用传统的概率方法处理[46,97]。应用概率方法必须满足以下4个前提[47]。

(1)事件定义明确；

(2)大量样本存在；

(3)样本具有概率重复性并具有较好的分布规律；

(4)不受人为因素的影响。

但在实际的工程中，上述条件往往不能同时满足或根本就不满足。如,“精确”“失效”等的定义就带有模糊性;没有先例,新的产品根本无法获得统计数据等。而且,实际工程建设中,产品的开发都离不开人的参与,忽略人的影响也是不合理的。另外,由于大型系统的复杂性以及人们认识的局限性,系统之间的关系尚不清楚,系统真实状态无法用数量指标刻画。对此类系统,需要人们给出定性而不是定量的描述,这种描述具有主观性和模糊性[47]。最后,由于在实际工程中,先前的经验是数据收集的一个重要来源,但经验是以一种不精确的方式出现的,而且数据缺乏时可能依赖于专家的经验获得数据,这些都会带来模糊性[100]。

模糊概念可以用模糊集合来表示。所谓模糊集合是指边界不清的集合。这种边界不清是由客观差异的中介过渡性所引起的划分上的不确定性所引起的。但是“辩证法不知道什么绝对分明和固定不变的界限,不知道什么是无条件的‘非此即彼’。它使固定的形而上学的差异互相过渡,除了‘非此即彼’,又在适当的地方承认亦此亦彼,并且使对立互为中介”“一切的差异都在中间阶段融合,一切对立都经过中间环节而互相过渡”(恩格斯)。从差异的一方到差异的另一方,中间经历了一个从量变到质变的连续过渡的过程。这种现象叫做差异的中间过渡性。由这种过渡性造就出划分的不确定性,就叫模糊性。这样确定的集合就叫模糊集合。

随着科学的进步,直到近 20 年,人们才开始认识到存在于结构中的不确定性不仅有随机性,而且还有模糊性。对于具有模糊性的各种系统和结构,用常规的概率方法对其进行描述是非常困难甚至是不可能的。为了方便起见,将上述两种问题:由于统计资料、信息不充足而导致的判断结论的不确定性和由于人对客观事物的认识不清晰以及人在行为上的过失等引起的模糊不确定性,统称为由于客观事物的复杂性或信息的不完全性导致人们主观认识的不确定性[46]。

因此,对如何解决实际系统动态中,模型参数不确定性和噪声不确定性对滤波器的影响,建立可靠的运动误差方程和观测方程;如何解决复杂系统的定性描述;如何解决系统中模糊不确定性问题等成为系统工程应用中的关键问题之一。模糊逻辑具有处理模糊信息的能力,它不需要建立准确的数学模型,对于非精确模型和不确定性噪声有良好的处理能力。为了解决上述问题,本书建立一种新的模糊单站无源定位系统,并在此模糊系统下研究单站无源定位的定位体制、高非线性和机动目标等问题,详细内容在下文中一一阐述。

1.3.2 模糊单站无源定位中的若干理论问题

1. 模糊系统建立的问题

实际问题的求解最后往往归结为建立一套规则,使得只要给定一组已知的信息,就可得出相应的求解结果,即设计一个合适的求解系统。目前计算机还不能像人脑那样去思维、推理和判断,只有在给定准确信息之后,计算机才能做出相应的判断。而根据不相容原理，当一个系统的复杂性增加时，使之精确化的能力则会降低，并且达到一定的阈值后，精确性和复杂性相互排斥。此时精确建模方法是失效的。而模糊技术能够较好地模拟人脑，可以在只知部分、甚至不全对的信息下进行分析判断。模糊系统就是以模糊规则为基础而具有模糊信息处理能力的动态模型。与普通系统比，模糊系统具有以下几方面的优点[40]。

(1)能将人的经验、知识等用适合计算机处理的形式表现出来；

(2)可以建立人的感觉、语言表达方式以及行动过程的模型；

(3)能模拟人的思维、推理和判断过程；

(4)压缩信息。

单站无源定位系统较为复杂，其原因如下：首先，观测站要利用多个观测信息才能对目标定位，而且有时观测站还需要做某些机动；其次，不同目标辐射源的属性不同，运动特性不同；最后，外界环境的影响；等等。为了解决系统的不确定性，以及存在的模糊信息，如何针对无源定位的特性，建立一种合适的模糊单站无源定位系统，是一个首先要解决的问题。

2. 定位体制的选择问题

无源定位研究首先要解决定位体制问题，即采取什么样的观测信息来定位。为了更好地解决模糊单站无源定位问题，在研究模糊单站无源定位滤波方法之前，首先要研究单站无源定位体制问题。

在无源接收条件下，观测器不能像有源雷达一样直接测量得到目标辐射源的距离，而是通过接收目标辐射源的信号，从中获取角度、多普勒频率变化率、到达时间差等信息。如何利用这些信息有效地提取出目标辐射源的位置信息就是一个重要的问题[48]。

在以往的研究中，由于角度参数比较容易获得，因此大量的文献都是研究仅仅利用角度如何对目标进行定位的。最早的单站无源定位方法采用测向交叉定位法[30,48]，即单个观测器在多个观测点进行角度的测量，通过方位线的相交来得到目标辐射源的位置信息。但是由于所测量的角度往往存在误差，它将会给定位的精度带来很大的影响，从而大大影响其实用性，特别是对于运动目标进行交叉定位将会带来错误的结果。在20世纪70年代，以海用为背景，Aidala和Nardone，T. L. Song等人提出了只测角目标运动分析(BO - TMA)方法[49-51]。该方法以非线性最小二乘或EKF算法为基础的测角法，其本质是利用多次观测来拟合目标的航迹。经过研究表明，这些方法能够比交叉定位得到更好的定位精度，但是对运动辐射源定位时存在着需要观测器机动的缺点。为此，Webster等人提出频率法(Frequency Method)[52]，Chen等人又提出合成法[53]，即将方向信息和频率信息相结合来估计辐射源的位置或轨迹。这些方法由于目前角度和频率测量精度的限制，所以都存在收敛时间长、定位精度差等缺点，无法达到高精度快速的无源定位[54]。

许耀伟[55]引入了相位差变化率观测信息来进行单站无源定位，研究表明：增加高精度的干涉仪相位差变化率观测信息后能够大大提高收敛速度和定位精度。孙仲康教授提出了基于质点运动学原理的单站无源定位理论，即在角度测量的基础上，增加角度变化率、径向加速度信息对辐射源进行定位[55-56]。本书在其理论的基础上，对于有关定位、跟踪和误差分析等关键技术问题进行研究，并为模糊单站无源定位系统提供了一种具体的定位体制，从而应用到后面的研究当中。

3. 可观测性问题

无源定位系统的可观测性就是指在什么情况下根据测量目标的方向角、到达时间、多普勒频率变化率等信息，能够获得目标的位置信息。

其中研究的最多的是只测角条件下的运动单站无源定位可观测性问题[57]。普遍公认最早的关于动目标移动可观测性分析的文献是由 Nardone 和 Aidala 等人针对 DOA 系统做出的数学理论推导[58]，后来 Hammel 分析了三维情况下只测向的可观测条件[59]，得出的结论和 Nardone 等人得出的结论形式上基本相同。

由于在许多场合下还有可能获得信号的到达时间、多普勒频率等信息，Jauffret 还提出了含有到达角和载频测量的无源定位的可观测性分析[57]，孙仲康教授等人对于方位角、到达时间、载频及它们的各种组合条件下目标的可观测性分析进行了详细的分析[60]。

关于无源定位与跟踪的可观测性问题的研究，现在主要存在两个方面问题。首先，随着增加相位差变化率和频率变化率等新的无源定位与跟踪方法的提出，同样需要对这些方法的可观测性问题进行研究；其次，以往对大多数可观测性问题的研究只是定性的研究，如何在不同的条件下对定位方法的可观测性进行定量的研究是选择定位方法的一个依据。

4. 高非线性问题

对于非线性系统，现有的单站无源定位方法采用最多的是EKF，即对非线性方程进行泰勒展开，忽略高阶项，仅仅保留一阶项，因此不可避免地产生了截断误差。当系统非线性越高时，误差越大，甚至导致算法不收敛的问题。为减小截断误差，新的方法不断提出，如前文所述的 IEKF，MGEKF，MVEKF，UKF 等。然而，上述无源定位方法都是基于概率分布下的，对系统精确建模要求较高，而且不能处理模糊不确定性。

文献[97]给出了模糊条件下非线性状态估计方法，但该方法建立在 Kalman 滤波基础上，因此不可避免地产生截断误差。因此，为了提高定位精度，就必须解决高非线性下的模糊单站无源定位问题。

1.4 本书的主要研究内容和结构安排

本书主要针对现有单站无源定位方法，无法有效地解决系统模糊性这一难题，建立了一种新的模糊框架，在此框架下提出了一种新定位体制的模糊单站无源定位方法；以减少高非线性方程带来的截断误差问题。

为了更好地阐述本书的研究内容，将全书分为5章。

第1章为绪论，阐述本书研究的背景和意义。全面而系统地分析了无源定位方法的国内外发展现状，提出了单站无源定位研究领域中一些亟待解决的问题，确立了本书的研究内容和研究思路。

第2章分析了现有单站无源定位方法的不足，指出研究模糊系统在单站无源定位滤波中的必要性，建立了一种新的模糊单站无源定位框架。为了解决模糊条件下的单站无源定位，引入梯形可能性分布来表示模糊系统，有效地解决了模糊条件下的无源定位；进一步推导了模糊条件下的非线性最小二乘估计；并在此基础上，提出了一种模糊单站无源定位方法。最后，通过一个单站无源定位算例展现了该方法的优越性。

第3章基于运动学原理，利用相位差、相位差变化率和频率变化率观测信息，首先提出了一种新的单站无源定位体制(PFRC)，并分别推导了二维平面目标和三维空间目标的定位与跟踪原理；然后，详细研究了该单站无源定位算法的可观测性原理、测距误差和最优估计；最后，基于该定位体制，提出了一种新的模糊单站无源定位方法，并通过仿真验证了该算法的有效性。

第4章在模糊单站无源定位的基础上，推导了模糊扩展

Kalman 滤波线性化误差产生的原因。为了减少误差，基于最大后验概率准则，推导了迭代模糊扩展 Kalman 滤波方法(IFEKF)，并证明该迭代是高斯牛顿法的一种应用；进一步在 PFRC 定位体制下，提出了一种迭代模糊单站无源定位方法。为了进一步验证算法的有效性，本章首先通过一个算例展示了 IFEKF 的计算过程和 IFEKF 的有效性；其次，通过仿真，验证了 IFEKF 在不同的无源定位系统和不同的目标运动方式下，均具有较高的定位精度。

第 5 章基于课题组的科研项目，将模糊单站无源定位方法应用到导航中，提出了一种新的无源导航方法；进一步将无源导航与惯性导航进行组合，提高了导航精度。

第 2 章　存在模糊不确定性的单站无源定位

2.1　引　　言

单站无源定位是一个典型的非线性滤波问题，最常用的是 EKF（Extended Kalman Filter）[61-70]，UKF（Unscented Kalman Filter）[71-75]和 PF（Particle Filter）[76-78]等。上述滤波估计效果与精确的噪声统计特性和确定的模型参数有关。当系统模型精确已知，外部干扰噪声是均值为零、方差一定的白噪声时，Kalman 滤波器的结果才是最优的。当系统参数不确切已知或随时间变化时，由于不符合其假设条件，Kalman 滤波器不能直接对系统状态进行估计[79-81]。然而由于累积误差、传感器漂移、外部环境等因素，无法建立确切的系统模型及噪声统计规律。众所周知，不够准确的，甚至错误的统计特性会严重降低滤波器性能，甚至导致滤波器发散[42]。例如，在组合 GPS/INS 系统中，由于惯性传感器的不确定误差特性、观测模型的线性化过程误差、环境温度的变化等原因，组合系统的动态噪声和测量噪声是时变的，因而，噪声统计参数不能事先精确已知[44]；另外，舰船在航行中，随时会受到风、浪、水流等随机扰动的干扰，而且舰船导航系统中的各种导航传感器具有短时精度高，长期工作存在累积误差的特点，因此基于标准 Kalman 滤波的递推算法会出现估计精度降低甚至滤波器发散等现象[45]；最后，当系统参数不确切或随时间变化时，Kalman 滤波方法也无法使用[46]。因此，现有的单站无源定位方法不能较好地估计不确定性情况下的目标状态。为了更好地解决上述问题，需要研究新的无源定位滤波方法。

在过去的 20 年多年中，已有许多学者在线性系统动态模型参数不确定性和噪声不确定性对滤波器的影响方面进行了研究。如 Koussoulas[82] 研究了动态模型中参数不确定性的影响；Feng[83]，Sangsuk－Iam[84] 探讨了噪声不确定性的影响；Liu 和 Kalnay[85] 以及 Antic[86] 通过灵敏度分析方法研究了动态和统计模型中参数不确定性的影响。Han[87]，Liu[88] 提出了采用 H_∞ 对于不确定性系统进行鲁棒的 Kalman 滤波设计。近年来，对于具有不确定性的动态模型参数的系统，由 Ahn[89] 提出的一种新的区间 Kalman 滤波方法，该方法与传统的 Kalman 滤波算法有相同的递推结构，但不需要进行如上述 H_∞ 方法带来的大量附加计算；此外，该方法在稳定性上也比一些现有的鲁棒 Kalman 滤波器好。然而，区间 Kalman 滤波方法只能利用确定的输入区间，对于输入区间内的变化不能处理。并且，上述方法无法解决模糊信息。

随着科学的进步，直到近 20 年，人们才开始认识到存在于结构中的不确定性不仅有随机性，而且还有模糊性。对于具有模糊性的各种系统和结构，采用常规的概率方法对其进行描述是非常困难甚至是不可能的。为了方便起见，将上述两种问题：由于统计资料、信息不充足而导致的判断结论的不确定性和由于人对客观事物的认识不清晰以及人在行为上的过失等引起的模糊不确定性，统称为由于客观事物的复杂性或信息的不完全性导致人们主观认识的不确定性[46]。

与基于概率的方法相比，模糊逻辑具有非线性处理能力，其不需要建立准确的数学模型，对于非精确模型和不确定噪声特性具有良好的处理能力，并且可以处理模糊信息。文献[90]～[92]用模糊规则建立了不确定的系统噪声和观测噪声模型；Longo 等人[93]将模糊规则 Kalman 应用到移动机器人的定位中，其中采用模糊规则融合外部传感器估计；Cipriano 等人[94]采用模糊管理减少线性化误差；Chen 等人[95]提出了模糊参数模型的 Kalman 滤波方法；Oussalah 等人[96]通过扩展区间 Kalman 方法，建立一种可能 Kalman 方法。F. Matía[97]采用可能梯形分布代替概率高斯分布，提出一种可能分布的 Kalman 方法。该方法不仅可以解决非对称、非概率问题，并且具有较小的线性化误差，对先验知识要求较少，不需要建立确切的模型，只需要定性的知识等优点；Zhou Zhijie 等人[98]将可能梯形分布应用到故障诊断，得到了较好的估计结果。

上述方法中，文献[97,98]基于可能性理论和 EKF 方法，有效地解决了不确定性模型问题。本章基于上述文献，将模糊的概念引入无源定位算法中，建立一种新的无源定位框架。为了更好地阐述模糊系统及其性质，本章对模糊梯形分布和模糊扩展 Kalman 滤波方法进行了介绍，在此基础上详细推导了模糊扩展 Kalman 滤波方法的非线性最小二乘估计，给出了模糊单站无源定位方法，为以后的分析奠定了基础。2.3 节介绍模糊集合和模糊可能性分布的定义，并进一步介绍梯形可能性分布及其性质；2.4 节基于梯形模糊分布，建立模糊单站无源定位框架；进一步推导了模糊条件下的非线性最小二乘估计，给出了一种模糊单站无源定位方法；2.5 节通过仿真，对模糊单站无源定位方法的有效性进行了验证；最后给出本章结论。

2.2 问题描述

假设单站无源定位的系统方程可表示为

$$\left.\begin{aligned} \boldsymbol{x}(k+1) &= \boldsymbol{f}(\boldsymbol{x}(k), \boldsymbol{u}(k), k) + \boldsymbol{w}(k+1) \\ \boldsymbol{z}(k+1) &= \boldsymbol{h}(\boldsymbol{x}(k+1), k+1) + \boldsymbol{v}(k+1) \end{aligned}\right\} \tag{2.1}$$

其中，$k \geqslant 0$ 是离散时间变量；$\boldsymbol{x}(k) \in \mathbf{R}^n$ 为状态向量；$\boldsymbol{u}(k) \in \mathbf{R}^p$ 是输入向量；$\boldsymbol{z}(k+1) \in \mathbf{R}^m$ 为观测向量，包括时间、角度、相位差和频率等。$\boldsymbol{f}: \mathbf{R}^p \times \mathbf{R}^n \rightarrow \mathbf{R}^n$，$\boldsymbol{h}: \mathbf{R}^n \rightarrow \mathbf{R}^m$ 分别是模糊单站无源定位系统的状态方程和测量方程，且具有关于状态的一阶连续偏导数；$\boldsymbol{w}(k+1)$ 和 $\boldsymbol{v}(k+1)$ 分别是过程噪声和测量噪声。由前面分

析可知，现有的单站无源定位系统都是基于概率的，不能处理模糊信息。为了处理单站无源定位系统中的状态、观测量和噪声等变量的模糊不确定性，首先要解决下述问题：

（1）如何对单站无源定位系统的模糊信息进行表示；

（2）如何处理存在模糊不确定性的单站无源系统（模糊无源定位系统）。

本章采用一种梯形模糊分布对模糊信息进行表示，从而建立模糊单站无源定位系统。下面将着重介绍模糊集合性质及模糊定位方法。

2.3 模糊集合

2.3.1 模糊集合定义

Zadeh 在 1965 年对模糊子集的定义[99-100]。

定义 1 设给定论域 U，U 到 $[0,1]$ 闭区间的任一映射 $\mu_{\underset{\sim}{A}}$，则

$$\left.\begin{aligned}\mu_{\underset{\sim}{A}}:\quad & U \rightarrow [0,1] \\ & u \rightarrow \mu_{\underset{\sim}{A}}(u)\end{aligned}\right\} \tag{2.2}$$

都确定 U 的一个模糊子集 $\underset{\sim}{A}$，$\mu_{\underset{\sim}{A}}$ 称为模糊子集的隶属函数，$\mu_{\underset{\sim}{A}}$ 称为 u 对 $\underset{\sim}{A}$ 的隶属度。隶属度也可记为 $\underset{\sim}{A}(u)$，在不混淆的情况下，模糊子集也称模糊集合。上述定义表明，论域 U 上的模糊子集 $\underset{\sim}{A}$

由隶属度函数 $\mu_{\underset{\sim}{A}}(u)$ 来表征，$\mu_{\underset{\sim}{A}}(u)$ 取值范围为 $[0,1]$，$\mu_{\underset{\sim}{A}}(u)$ 的大小反映了 u 对于模糊子集的从属程度。$\mu_{\underset{\sim}{A}}(u)$ 的值接近于 1，表示 u 从属于 $\underset{\sim}{A}$ 的程度很高；$\mu_{\underset{\sim}{A}}(u)$ 的值接近于 0，表示 u 从属于 $\underset{\sim}{A}$ 的程度很低。

模糊集合的表达方式有以下几种。

(1) 当 U 为有限集 $\{u_1,u_1,\cdots,u_n\}$ 时，通常有如下 3 种方式：

①Zadeh 表示法

$$\underset{\sim}{A}=\frac{\underset{\sim}{A}(u_1)}{u_1}+\frac{\underset{\sim}{A}(u_2)}{u_2}+\cdots+\frac{\underset{\sim}{A}(u_n)}{u_n} \tag{2.3}$$

其中，$\frac{\underset{\sim}{A}(u_1)}{u_1}$ 并不表示“分数”，而是表示论域中的元素 u_i 与其隶属度 $\underset{\sim}{A}(u_i)$ 之间的对应关系；“+”也不表示“求和”，而是表示模糊集合在论域 U 上的整体。

② 序偶表示法

$$\underset{\sim}{A}=\{(u_1,\underset{\sim}{A}(u_1)),(u_2,\underset{\sim}{A}(u_2)),\cdots(u_n,\underset{\sim}{A}(u_n))\} \tag{2.4}$$

③ 向量表示法

$$\underset{\sim}{A}=\{\underset{\sim}{A}(u_1),\underset{\sim}{A}(u_2),\cdots,\underset{\sim}{A}(u_n)\} \tag{2.5}$$

(2) 当 U 为有限连续域时，Zadeh 给出如下表示，有

$$\underset{\sim}{A}=\int_U\frac{\underset{\sim}{A}(u)}{u} \tag{2.6}$$

其中，$\frac{\underset{\sim}{A}(u_1)}{u_1}$ 并不表示“分数”，而是表示论域中的元素 u_i 与其隶属度 $\underset{\sim}{A}(u_i)$ 之间的对应关系。“$\int$”也不表示“求和”，而是表示模

糊集合在论域 U 上的元素 u 与其隶属度 $\underset{\sim}{A}(u)$ 之间的对应关系总和。

2.3.2 模糊可能性分布

Zadeh 于 1978 年发表可能性分布理论，系统的模糊特性可由可能性分布函数(possibility distribution function)来解决。而可能性分布函数 $\pi(x)$ 在应用上可直接定义为模糊集合理论中的隶属度函数。下面介绍一下可能性分布函数的定义[101-102]。

定义 2 设 $\underset{\sim}{A}$ 是论域 U 上的模糊子集，而 $\underset{\sim}{A}$ 起着与 X 相关联的模糊约束 $R(X)$ 的作用。则命题“X 是 $\underset{\sim}{A}$”可以转换为

$$R(X)=\underset{\sim}{A}$$

与 X 的可能性分布 Π_X 相关联，并且就假定 Π_X 等于 $R(X)$，即

$$\Pi_X=R(X)$$

相应地，与 X 相关联的可能性分布函数(或 Π_X 的可能性分布函数)用 π_X 表示，并在数值上等于 $\underset{\sim}{A}$ 的隶属度函数 $\mu_{\underset{\sim}{A}}$，即

$$\pi_X=\mu_{\underset{\sim}{A}}$$

这样，$X=u$ 的可能度 $\pi_X(u)$ 就假设等于 $\mu_{\underset{\sim}{A}}(u)$。

2.3.3 梯形可能性分布

本书采用常用的梯形可能分布函数来研究模糊单站无源定位问题。

定义 3 梯形可能性分布。对于给定的模糊变量 p，其可能

性分布(possibility distribution) 论域 P 用如图 2.1 所示的梯形[97-98] $\pi_P(p)$ 来表示,有

$$\pi_P(p)=\begin{cases}1 & \forall p\in[p_2,p_3]\\ 0 & \forall p\notin[p_1,p_4]\end{cases}$$

梯形分布如图 2.1 所示。

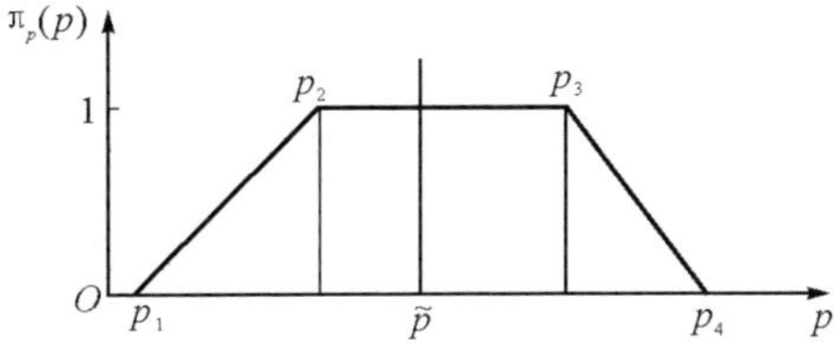

图 2.1　梯形分布

为了计算模糊变量,介绍一些定义。

定义 4　若模糊变量 p 服从梯形分布,则 p 的期望(expectation) 可定义为

$$E\{p\}\sim \Pi(p_1,p_2,p_3,p_4) \tag{2.7}$$

定义 5　分布域(the area of the distribution) 定义为

$$X_p=\int \pi_P(p)\mathrm{d}p \tag{2.8}$$

一般而言,可能性分布区域不等于 1。

定义 6　中心梯度(the center of gravity) 定义为

$$\tilde{p}=C\{p\}=\frac{\int p\pi_P(p)\mathrm{d}p}{X_p} \tag{2.9}$$

定义 7　若 f 是 p 的函数,则 $f(x)$ 的中心值为

$$C\{f(p)\}=\frac{\int f(p)\pi_P(p)\mathrm{d}p}{X_p} \tag{2.10}$$

定义 8 分布不确定性定义为

$$U\{p\}=C\{(p-\widetilde{p})^2\}=\frac{\int (p-\widetilde{p})^2\pi_P(p)\mathrm{d}p}{X_p} \tag{2.11}$$

对于梯形分布，上述测量值可作简单计算，有

$$\pi_P(p)=\begin{cases}0 & p<p_1\\ \dfrac{p-p_1}{p_2-p_1} & p_1\leqslant p<p_2\\ 1 & p_2\leqslant p\leqslant p_3\\ \dfrac{p_4-p}{p_4-p_3} & p_3<p\leqslant p_4\\ 0 & p>p_4\end{cases}$$

$$X_p=\int \pi_P(p)\mathrm{d}p=\frac{p_4+p_3+p_2+p_1}{2}$$

$$\widetilde{p}=C\{p\}=\frac{\int f\pi_P(p)\mathrm{d}p}{X_p}=\frac{1}{X_p}\left[\int_{p_1}^{p_2}p\,\frac{p-p_1}{p_2-p_1}\mathrm{d}p+\int_{p_2}^{p_3}p\mathrm{d}p+\int_{p_3}^{p_4}p\,\frac{p_4-p}{p_4-p_3}\mathrm{d}p\right]=$$

$$\frac{(p_4^2+p_4p_3+p_3^2)-(p_2^2+p_2p_1+p_1^2)}{6X_p}$$

$$U\{p\}=C\{(p-\widetilde{p})^2\}=\frac{\int (p-\widetilde{p})^2\pi_P(p)\mathrm{d}p}{X_p}=$$

$$\frac{1}{X_p}\left[\int_{p_1}^{p_2}(p-\widetilde{p})^2\,\frac{p-p_1}{p_2-p_1}\mathrm{d}p+\int_{p_2}^{p_3}(p-\widetilde{p})^2\mathrm{d}p+\right.$$

$$\left.\int_{p_3}^{p_4}(p-\widetilde{p})^2\,\frac{p_4-p}{p_4-p_3}\mathrm{d}p\right]=$$

$$\frac{1}{X_p}\left[\frac{1}{p_2-p_1}\left(\frac{p_2^4-p_1^4}{4}-\frac{p_1p_2^3-p_1^4}{3}\right)+\right.$$

$$\left.\frac{p_3^3-p_2^3}{3}+\frac{1}{p_4-p_3}\left(\frac{p_4^4-p_4p_3^3}{3}-\frac{p_4^4-p_3^4}{4}\right)\right]-\widetilde{p}^2$$

性质1:不确定性的传递性

假定 $E(y)$ 和 $E(x)$ 的几何关系为

$$\pi_Z(z)=\pi_X(x),\quad \forall\, x,z\,|\,z=f(x)$$

(1) 若 $f(x)$ 是线性时,即

$$f(x)=ax+b$$

由模糊可能性定义[97-98]可得

$$X_z=\int\pi_Z(z)\mathrm{d}z=\int\pi_X(x)\;|\;a\;|\;\mathrm{d}z=|\;a\;|\;X_z \tag{2.12}$$

$$\widetilde{z}=C\{z\}=\frac{\int z\pi_Z(z)\mathrm{d}z}{X_z}=\frac{\int(ax+b)\pi_X(x)\;|\;a\;|\;\mathrm{d}x}{|\;a\;|\;X_x}=a\widetilde{x}+b \tag{2.13}$$

$$U\{z\}=C\{(z-\widetilde{z}^2)\}=\frac{\int(z-\widetilde{z})^2\pi_Z(z)\mathrm{d}z}{X_z}=$$

$$\frac{\int a^2(x-\widetilde{x})^2\pi_X(x)\;|\;a\;|\;\mathrm{d}x}{|\;a\;|\;X_x}=a^2U\{x\} \tag{2.14}$$

(2) 若 $f(x)$ 为非线性时：可求出 z 梯形分布，有

$$z_i = \begin{cases} f(x_i), & \text{if } \left.\dfrac{\partial f}{\partial x}\right|_{\tilde{x}} > 0 \\ f(x_{5-i}), & \text{if } \left.\dfrac{\partial f}{\partial x}\right|_{\tilde{x}} < 0 \end{cases} \tag{2.15}$$

假设非线性函数 $f(x)$ 在模糊区域里是单调递增或单调递减的。进一步可得

$$X_z = \int \pi_z(z)\mathrm{d}z \tag{2.16}$$

$$\tilde{z} = C\{z\} = \frac{\int z\pi_z(z)\mathrm{d}z}{X_z} \tag{2.17}$$

$$U\{z\} = C\{(z-\tilde{z})^2\} = \frac{\int (z-\tilde{z})^2 \pi_z(z)\mathrm{d}z}{X_z} \tag{2.18}$$

性质 2：联合可能性分布

在多变量系统，x 和 y 分别为定义在可能性分布区域 X 和 Y 的模糊变量，其联合可能性分布记为 $\pi_{X,Y}(x,y)$，则

$$X_{X,Y} = \iint \pi_{X,Y}(x,y)\mathrm{d}x\mathrm{d}y \tag{2.19}$$

$$C\{f(x,y)\} = \frac{\iint f(x,y)\pi_{X,Y}(x,y)\mathrm{d}x\mathrm{d}y}{X_{X,Y}} \tag{2.20}$$

边缘分布的中心梯度分别定义为

$$\tilde{x} = C\{x\} = \frac{\iint x\pi_{X,Y}(x,y)\mathrm{d}x\mathrm{d}y}{X_{X,Y}} =$$

$$\frac{\int x \int \pi_{X,Y}(x,y)\mathrm{d}x\mathrm{d}y}{X_{X,Y}} = \frac{\int x\pi_X(X)\mathrm{d}x}{X_{X,Y}} \tag{2.21}$$

$$\bar{y} = C\{y\} = \frac{\iint x\pi_{X,Y}(x,y)\mathrm{d}x\mathrm{d}y}{X_{X,Y}} =$$

$$\frac{\int y \int \pi_{X,Y}(x,y)\mathrm{d}x\mathrm{d}y}{X_{X,Y}} = \frac{\int y\pi_X(y)\mathrm{d}y}{X_Y} \tag{2.22}$$

边缘分布的不确定性分别定义为

$$U\{x\} = C\{(x-\bar{x})^2\} = \frac{\iint (x-\bar{x})^2\pi_{X,Y}(x,y)\mathrm{d}x\mathrm{d}y}{X_{X,Y}} =$$

$$\frac{\int x \int \pi_{X,Y}(x,y)\mathrm{d}x\mathrm{d}y}{X_{X,Y}} = \frac{\int x\pi_X(X)\mathrm{d}x}{X_X} \tag{2.23}$$

$$U\{y\} = C\{(y-\bar{y})^2\} = \frac{\iint (y-\bar{y})^2\pi_{X,Y}(x,y)\mathrm{d}x\mathrm{d}y}{X_{X,Y}} =$$

$$\frac{\int x \int \pi_{X,Y}(x,y)\mathrm{d}x\mathrm{d}y}{X_{X,Y}} = \frac{\int x\pi_X(X)\mathrm{d}x}{X_Y} \tag{2.24}$$

相关函数和相关系数分别定义为

$$\mathrm{Dep}(x,y) = C\{(x-\tilde{x})(y-\tilde{y})\} =$$

$$\frac{\iint (x-\tilde{x})(y-\tilde{y})\pi_{X,Y}(x,y)\mathrm{d}x\mathrm{d}y}{X_{X,Y}} \tag{2.25}$$

$$\eta(x,y) = \frac{\mathrm{Dep}\{x,y\}}{\sqrt{U\{x\}U\{y\}}} \tag{2.26}$$

若 x 和 y 相互独立，则有

$$\pi_{X,Y}(x,y)=\pi_X(x)\pi_Y(y) \tag{2.27}$$

$$\mathrm{Dep}\{x,y\}=0 \tag{2.28}$$

$$\eta(x,y)=0 \tag{2.29}$$

为了更好地阐述联合概率分布，给出以下两个例子。

例 2.1 若 $z=ax+y$，则

$$z_l=ax_l+y_l$$

$$\tilde{z}=\frac{\iint(ax+y)\pi_{X,Y}(x,y)\mathrm{d}x\mathrm{d}y}{X_{X,Y}}=$$

$$\frac{\int ax\int\pi_{X,Y}(x,y)\mathrm{d}y\mathrm{d}x}{X_{X,Y}}+\frac{\int y\int\pi_{X,Y}(x,y)\mathrm{d}x\mathrm{d}y}{X_{X,Y}}=$$

$$\frac{\int ax\pi_X(X)\mathrm{d}x}{X_X}+\frac{\int y\pi_Y(y)\mathrm{d}y}{X_Y}=a\tilde{x}+\tilde{y}$$

$$U\{z\}=\frac{\iint[(ax-a\tilde{x})+(y-\tilde{y})]^2\pi_{X,Y}(x,y)\mathrm{d}x\mathrm{d}y}{X_{X,Y}}=$$

$$\frac{\int(ax-a\tilde{x}^2)\int\pi_{X,Y}(x,y)\mathrm{d}y\mathrm{d}x}{X_{X,Y}}+$$

$$\frac{\int(y-\tilde{y})^2\int\pi_{X,Y}(x,y)\mathrm{d}x\mathrm{d}y}{X_{X,Y}}+$$

$$2\frac{\iint(ax-a\tilde{x})(y-\tilde{y})\pi_{X,Y}(x,y)\mathrm{d}x\mathrm{d}y}{X_{X,Y}}=$$

$$a^2U\{x\}+U\{y\}+2a\text{Dep}\{x,y\}$$

若 x 和 y 相互独立,则有

$$\text{Dep}\{x,y\}=0$$

则

$$U\{z\}=a^2U\{x\}+U\{y\}$$

例 2.2　$\boldsymbol{z}=\begin{bmatrix}x\\y\end{bmatrix}$,且 $E\{\boldsymbol{z}\}\sim\Pi(\boldsymbol{z}_1,\boldsymbol{z}_2,\boldsymbol{z}_3,\boldsymbol{z}_4)$

其中

$$E\{x\}\sim\Pi(x_1,x_2,x_3,x_4)$$

$$E\{y\}\sim\Pi(y_1,y_2,y_3,y_4)$$

由上面的推导,矩阵 $\boldsymbol{z}$ 的不确定性为

$$U\{\boldsymbol{z}\}=U\{(\boldsymbol{z}-\tilde{\boldsymbol{z}})(\boldsymbol{z}-\tilde{\boldsymbol{z}})^{\mathrm{T}}\}=$$

$$U\begin{bmatrix}(x-\tilde{x})^2 & (x-\tilde{x})(y-\tilde{y})\\(x-\tilde{x})(y-\tilde{y}) & (y-\tilde{y})^2\end{bmatrix}=$$

$$\begin{bmatrix}U\{x\} & \text{Dep}[x,y]\\\text{Dep}[x,y] & U\{y\}\end{bmatrix}$$

若 x,y 相互独立,即

$$\text{Dep}\{x,y\}=0$$

则

$$U\{\boldsymbol{z}\}=\begin{bmatrix}U\{x\} & 0\\0 & U\{y\}\end{bmatrix}$$

可能性分布和概率分布的比较见表 2.1。

表 2.1　可能性分布和概率分布性能对比表

可能分布特性	概率分布特性
分布区域变化	分布区域为 1
分布区域可以非对称	分布形状经常对称
观测噪声由近似得到	观测噪声由经验得到
允许模型存在大的不确定性	需要精确的模型
允许大的误差	严格的滤波器,排斥小误差
仅排斥不可能数据	仅仅接受概率数据
初始状态只需在初始的可能区域内	初始状态要求较高,与初始协方差一致

2.4　模糊单站无源定位系统

现有的大多数单站无源定位滤波方法大都是基于概率分布的,像 EKF[61-70] 和 UKF[71-75] 是基于高斯概率分布的,粒子滤波无源定位方法[76-78] 是基于非高斯的概率分布的,都需要建立在准确的系统模型和确切已知的外部干扰信号的统计特性。由前面的分析可知:由于传感器的漂移、累积误差等因素,实际系统的噪声是模糊不确定的,很难获得噪声的协方差矩阵,而错误的噪声统计特性会严重地降低滤波器的性能,甚至导致滤波器发散[42-43]。更重要的是,由前面分析可知,对于系统中存在的模糊不确定性,现有的基于概率的方法不再适用。

模糊理论具有处理模糊信息的能力,不需要建立准确的数学模型,对于非精确模型和不确定噪声特性有良好的处理能力。因此,为了更好地解决单站无源定位问题,本节将模糊框架引入无源定位系统中,假设无源定位系统的变量均服从梯形可能性分布,从而建立了一种新的模糊单站无源定位框架。进一步,为了对目标进行定位跟踪,下面将着重介绍在模糊梯形分布下的单站无源定位滤波方法。

2.4.1　模糊单站无源定位方法

假设模糊不确定框架下,单站无源定位系统的状态方程和观测方程的表达式为

$$\left.\begin{aligned} \boldsymbol{x}(k+1)&=\boldsymbol{f}(\boldsymbol{x}(k),\boldsymbol{u}(k),k)+\boldsymbol{w}(k+1) \\ \boldsymbol{z}(k+1)&=\boldsymbol{h}(\boldsymbol{x}(k+1),k+1)+\boldsymbol{v}(k+1) \end{aligned}\right\} \tag{2.30}$$

其中,$k \geqslant 0$ 是离散时间变量;$\boldsymbol{x}(k) \in \mathbf{R}^n$ 为状态向量;$\boldsymbol{u}(k) \in \mathbf{R}^p$ 是输入向量;$\boldsymbol{z}(k+1) \in \mathbf{R}^m$ 为观测向量,$\boldsymbol{f}:\mathbf{R}^p \times \mathbf{R}^n$,$\boldsymbol{h}:\mathbf{R}^n \rightarrow \mathbf{R}^m$ 分别是非线性状态函数和非线性测量函数,且具有关于状态的一阶连续偏导数;$\boldsymbol{w}(k+1)$ 和 $\boldsymbol{v}(k+1)$ 分别是过程噪声和测量噪声。进一步,令 $\hat{\boldsymbol{x}}(k+1|k)$ 和 $\hat{\boldsymbol{x}}(k+1)$ 分别为状态 $\boldsymbol{x}(k)$ 的一步预测值和估计值;$\hat{\boldsymbol{z}}(k+1)$ 为观测向量 $\boldsymbol{z}(k+1)$ 的估计值;$\hat{\boldsymbol{x}}(k+1|k)$ 与 $\boldsymbol{w}(k+1)$ 相互独立,且 $\boldsymbol{w}(k+1)$ 和 $\boldsymbol{v}(k+1)$ 也相互独立。并且每个变量服从如下梯形可能分布,有

$$\begin{cases} E\{\boldsymbol{v}(k+1)\} \sim \Pi(\boldsymbol{v}_1(k+1),\boldsymbol{v}_2(k+1),\boldsymbol{v}_3(k+1),\boldsymbol{v}_4(k+1)) \\ C(\boldsymbol{v}(k+1))=\boldsymbol{0} \\ U\{\boldsymbol{v}(k+1)\}=\boldsymbol{R}(k+1) \end{cases}$$

$$\begin{cases} E\{\boldsymbol{w}(k+1)\} \sim \Pi(\boldsymbol{w}_1(k+1), \boldsymbol{w}_2(k+1), \boldsymbol{w}_3(k+1), \boldsymbol{w}_4(k+1)) \\ C(\boldsymbol{w}(k+1)) = \boldsymbol{0} \\ U\{\boldsymbol{w}(k+1)\} = \boldsymbol{Q}(k+1) \end{cases}$$

$$\begin{cases} E\{\hat{\boldsymbol{x}}(k)\} \sim \Pi(\hat{\boldsymbol{x}}_1(k), \hat{\boldsymbol{x}}_2(k), \hat{\boldsymbol{x}}_3(k), \hat{\boldsymbol{x}}_4(k)) \\ U\{\hat{\boldsymbol{x}}(k)\} = \boldsymbol{P}(k) \end{cases}$$

$$\begin{cases} E(\hat{\boldsymbol{x}}(k+1/k)) \sim \Pi(\hat{\boldsymbol{x}}_1(k+1) \mid k), \hat{\boldsymbol{x}}_2(k+1 \mid k) \\ \hat{\boldsymbol{x}}_3(k+1 \mid k), \hat{\boldsymbol{x}}_4(k+1 \mid k)) \\ U\{\hat{\boldsymbol{x}}(k+1 \mid k)\} = \boldsymbol{P}(k+1 \mid k) \end{cases}$$

$$\begin{cases} E\{\hat{\boldsymbol{z}}(k+1)\} \sim \Pi(\hat{\boldsymbol{z}}_1(k+1), \hat{\boldsymbol{z}}_2(k+1), \hat{\boldsymbol{z}}_3(k+1), \hat{\boldsymbol{z}}_4(k+1)) \\ U\{\hat{\boldsymbol{z}}(k+1)\} = \boldsymbol{S}(k+1) \end{cases}$$

其中 $\boldsymbol{P}(k)$ 和 $\boldsymbol{P}(k+1 \mid k)$ 分别是状态不确定性的估计和一步预测估计，$\boldsymbol{S}(k+1)$，$\boldsymbol{Q}(k+1)$ 和 $\boldsymbol{R}(k+1)$ 分别表示 $\hat{z}(k+1)$，$\boldsymbol{w}(k+1)$ 和 $\boldsymbol{v}(k+1)$ 的分布不确定性。

模糊单站 Kalman 滤波步骤[97]：

（1）初始化

$$\hat{\boldsymbol{x}}(0) = E[\boldsymbol{x}(0)] = \boldsymbol{m}_0 \tag{2.31}$$

$$\boldsymbol{P}(0) = E\{[\boldsymbol{x}(0) - \boldsymbol{m}_0][\boldsymbol{x}(0) - \boldsymbol{m}_0]^{\mathrm{T}}\} \tag{2.32}$$

（2）一步预测

$$\boldsymbol{\gamma}_l(k+1) = \boldsymbol{z}_l(k+1) - \boldsymbol{h}(\hat{\boldsymbol{x}}_l(k+1 \mid k), k+1) \tag{2.33}$$

$$\boldsymbol{P}(k+1 \mid k) = \boldsymbol{F}(k)\boldsymbol{P}(k)\boldsymbol{F}^{\mathrm{T}}(k) + \boldsymbol{Q}(k+1) \tag{2.34}$$

$$\boldsymbol{S}(k+1) = \boldsymbol{H}(k+1)\boldsymbol{P}(k+1 \mid k)\boldsymbol{H}^{\mathrm{T}}(k+1) + \boldsymbol{R}(k+1) \tag{2.35}$$

其中

$$l=1,\cdots,4$$

$$\boldsymbol{F}(k)=\frac{\partial \boldsymbol{f}(\boldsymbol{x}(k),\boldsymbol{u}(k),k)}{\partial \boldsymbol{x}}\bigg|_{\boldsymbol{x}(k)=C\{\hat{\boldsymbol{x}}(k)\}}$$

$$\boldsymbol{H}(k+1)=\frac{\partial \boldsymbol{h}(\boldsymbol{x}(k+1),k+1)}{\partial \boldsymbol{x}}\bigg|_{\boldsymbol{x}(k+1)=C\{\hat{\boldsymbol{x}}(k+1|k)\}}$$

(3) 测量配准

判断新的测量向量，是否满足下式：

$$\pi_{\hat{Z}}(z(k+1))\geqslant\beta \tag{2.36}$$

其中，β 是置信值，由实际情况决定。

(4) 状态更新

$$\hat{\boldsymbol{x}}_l(k+1)=\hat{\boldsymbol{x}}_l(k+1\mid k)+\boldsymbol{K}(k+1)\boldsymbol{\gamma}_l(k+1) \tag{2.37}$$

$$\boldsymbol{P}(k+1)=[\boldsymbol{I}-\boldsymbol{K}(k+1)\boldsymbol{H}(k+1)]\boldsymbol{P}(k+1\mid k) \tag{2.38}$$

$$\boldsymbol{K}(k+1)=\boldsymbol{P}(k)\boldsymbol{H}^{\mathrm{T}}(k+1)\boldsymbol{S}^{-1}(k+1) \tag{2.39}$$

其中，$\boldsymbol{\gamma}_l(k+1)$ 是测量估计误差，并满足：

$$E\{\boldsymbol{\gamma}(k+1)\}\sim\Pi(\boldsymbol{\gamma}_1(k+1),\boldsymbol{\gamma}_2(k+1),\boldsymbol{\gamma}_3(k+1),\boldsymbol{\gamma}_4(k+1)) \tag{2.40}$$

将模糊扩展 Kallman 滤波方法（FEKF）应用到模糊单站无源定位中，得到模糊单站无源定位方法的步骤如下：

步骤 1：根据实际情况，确定单站无源定位的系统方程；

步骤 2：当 $k=0$ 时，设置初始值 $\hat{\boldsymbol{x}}(0)$ 和 $\boldsymbol{P}(0)$；

步骤 3：通过式(2.33) ～ 式(2.35)，计算新的预测值；

步骤 4：判断新的观测向量是否满足式(2.36)，若满足则进行本步骤，若不满足则等待新的测量值；

步骤5：通过式(2.37)～式(2.40)计算新的更新值；

步骤6：令 $k+1 \to k$，回到步骤2。

2.4.2 模糊条件下的非线性最小二乘估计

文献[97]中的模糊 Kalamn 滤波是线性的，而实际应用中大多数系统方程是非线性的。为了更好地分析模糊单站无源定位滤波方法，本小节详细地推导了模糊条件下的非线性最小二乘估计。

假设系统的观测模型为

$$\boldsymbol{z}(k)=\boldsymbol{h}(\boldsymbol{x}(k))+\boldsymbol{v}(k) \tag{2.41}$$

其中，测量噪声 $\boldsymbol{v}(k+1)$ 服从下面的梯形分布：

$$\begin{cases} E\{\boldsymbol{v}(k)\} \sim \boldsymbol{\Pi}(\boldsymbol{v}_1(k),\boldsymbol{v}_2(k),\boldsymbol{v}_3(k),\boldsymbol{v}_4(k)) \\ C(\boldsymbol{v}(k))=\boldsymbol{O} \\ U\{\boldsymbol{v}(k)\}=\boldsymbol{R}(k) \end{cases}.$$

对式(2.30)在 $\boldsymbol{x}(k-1)$ 进行一阶泰勒展开，有

$$\begin{aligned} \boldsymbol{z}(k) \approx \boldsymbol{h}(\boldsymbol{x}(k-1),k)+\boldsymbol{H}(k)[\boldsymbol{x}(k)-\boldsymbol{x}(k-1)]+\boldsymbol{v}(k)= \\ \boldsymbol{H}(k)\boldsymbol{x}(k)+\boldsymbol{\mu}(k)+\boldsymbol{v}(k) \end{aligned} \tag{2.42}$$

其中

$$\boldsymbol{H}(k)=\left.\frac{\partial \boldsymbol{h}}{\partial \boldsymbol{x}}\right|_{\boldsymbol{x}(k)=C\{\hat{\boldsymbol{x}}(k|k-1)\}}$$

$$\boldsymbol{h}(\boldsymbol{x}(k-1),k)-\boldsymbol{H}(k)\boldsymbol{x}(k-1)=\boldsymbol{\mu}(k)$$

由于模糊遗传性[97-98]，观测向量服从下面的模糊梯形分布，有

$$\begin{cases} E\{\boldsymbol{z}(k)\} \sim \Pi(\boldsymbol{z}_1(k),\boldsymbol{z}_2(k),\boldsymbol{z}_3(k),\boldsymbol{z}_4(k)) \\ C(\boldsymbol{z}(k)) = \boldsymbol{H}(k)\boldsymbol{x}(k) + \boldsymbol{\mu}(k) \\ U\{\boldsymbol{z}(k)\} = \boldsymbol{R}(k) \end{cases}.$$

经过 k 次测量，状态 $\boldsymbol{x}$ 能够从累计观测 $\boldsymbol{Z}^k = \boldsymbol{h}^k + \boldsymbol{v}^k = \boldsymbol{H}^k\boldsymbol{x} + \boldsymbol{\mu}^k + \boldsymbol{v}^k$ 中得到，其中

$$\boldsymbol{Z}^k = \begin{bmatrix} \boldsymbol{z}(1) \\ \vdots \\ \boldsymbol{z}(k) \end{bmatrix},\quad \boldsymbol{h}^k = \begin{bmatrix} \boldsymbol{h}(1) \\ \vdots \\ \boldsymbol{h}(k) \end{bmatrix},\quad \boldsymbol{v}^k = \begin{bmatrix} \boldsymbol{v}(1) \\ \vdots \\ \boldsymbol{v}(k) \end{bmatrix}$$

$$\boldsymbol{H}^k = \begin{bmatrix} \boldsymbol{H}(1) \\ \vdots \\ \boldsymbol{H}(k) \end{bmatrix},\quad \boldsymbol{\mu}^k = \begin{bmatrix} \boldsymbol{\mu}(1) \\ \vdots \\ \boldsymbol{\mu}(k) \end{bmatrix}$$

因为

$$\begin{cases} C\{\boldsymbol{v}^k\} = \boldsymbol{O} \\ U\{\boldsymbol{v}^k\} = \boldsymbol{R}^k \end{cases}$$

其中

$$\boldsymbol{R}^k = \begin{bmatrix} \boldsymbol{R}(1) & 0 & \cdots & 0 \\ 0 & \ddots & \ddots & \vdots \\ \vdots & \ddots & \ddots & 0 \\ 0 & \cdots & \cdots & \boldsymbol{R}(k) \end{bmatrix}$$

由于模糊遗传性，可以得到下式：

$$\left.\begin{aligned} C(\boldsymbol{Z}^k) &\approx \boldsymbol{H}^k\boldsymbol{x} + \boldsymbol{\mu}^k \\ U\{\boldsymbol{Z}^k\} &= \boldsymbol{R}^k \end{aligned}\right\} \tag{2.43}$$

最小二乘估计可由最小化$(\boldsymbol{v}^k)^{\mathrm{T}}(\boldsymbol{R}^k)^{-1}(\boldsymbol{v}^k)$获得，即

$$\boldsymbol{\nabla}_x(\boldsymbol{v}^k)^{\mathrm{T}}(\boldsymbol{R}^k)^{-1}(\boldsymbol{v}^k)=0$$

带入式(2.42)，有

$$\begin{aligned} &\boldsymbol{\nabla}_x(\boldsymbol{v}^k)^{\mathrm{T}}(\boldsymbol{R}^k)^{-1}(\boldsymbol{v}^k)= \\ &\quad \boldsymbol{\nabla}_x(\boldsymbol{Z}^k-\boldsymbol{H}(k)\boldsymbol{x}-\boldsymbol{\mu}(k))^{\mathrm{T}}(\boldsymbol{R}^k)^{-1}(\boldsymbol{Z}^k-\boldsymbol{H}(k)\boldsymbol{x}-\boldsymbol{\mu}(k))= \\ &\quad -2(\boldsymbol{H}^k)^{\mathrm{T}}(\boldsymbol{R}^k)^{-1}(\boldsymbol{Z}^k-\boldsymbol{\mu}(k))+2(\boldsymbol{H}^k)^{\mathrm{T}}(\boldsymbol{R}^k)^{-1}(\boldsymbol{H}^k)x=0 \end{aligned}$$

从而得出在时刻 k，状态 $\boldsymbol{x}$ 的估计为

$$\hat{\boldsymbol{x}}(k)=[(\boldsymbol{H}^k)^{\mathrm{T}}(\boldsymbol{R}^k)^{-1}(\boldsymbol{H}^k)]^{-1}(\boldsymbol{H}^k)^{\mathrm{T}}(\boldsymbol{R}^k)^{-1}(\boldsymbol{Z}^k-\boldsymbol{\mu}(k)) \tag{2.44}$$

由于 $\boldsymbol{Z}^k$ 是模糊变量，由模糊遗传性可知，$\hat{\boldsymbol{x}}(k)$ 也是模糊的，进一步 $\hat{\boldsymbol{x}}(k)$ 的可能性分布为

$$E\{\hat{\boldsymbol{x}}(k)\}\sim \Pi(\hat{\boldsymbol{x}}_1(k),\hat{\boldsymbol{x}}_2(k),\hat{\boldsymbol{x}}_3(k),\hat{\boldsymbol{x}}_4(k))$$

$$\begin{aligned} \hat{\boldsymbol{x}}_l(k)&=[(\boldsymbol{H}^k)^{\mathrm{T}}(\boldsymbol{R}^k)^{-1}(\boldsymbol{H}^k)]^{-1}(\boldsymbol{H}^k)^{\mathrm{T}}(\boldsymbol{R}^k)^{-1}(\boldsymbol{Z}_l^k-\boldsymbol{\mu}_l^k)= \\ &[(\boldsymbol{H}^k)^{\mathrm{T}}(\boldsymbol{R}^k)^{-1}(\boldsymbol{H}^k)]^{-1}(\boldsymbol{H}^k)^{\mathrm{T}}(\boldsymbol{R}^k)^{-1}[\boldsymbol{H}^k+\boldsymbol{v}_l^k]= \\ &\boldsymbol{x}+[(\boldsymbol{H}^k)^{\mathrm{T}}(\boldsymbol{R}^k)^{-1}(\boldsymbol{H}^k)]^{-1}(\boldsymbol{H}^k)^{\mathrm{T}}(\boldsymbol{R}^k)^{-1}\boldsymbol{v}_l^k \end{aligned}$$

$$C[\hat{\boldsymbol{x}}(k)]=[(\boldsymbol{H}^k)^{\mathrm{T}}(\boldsymbol{R}^k)^{-1}(\boldsymbol{H}^k)]^{-1}(\boldsymbol{H}^k)^{\mathrm{T}}(\boldsymbol{R}^k)^{-1}\boldsymbol{H}^k\boldsymbol{x}=\boldsymbol{x}$$

$$\begin{aligned} U[\hat{\boldsymbol{x}}(k)]=&[(\boldsymbol{H}^k)^{\mathrm{T}}(\boldsymbol{R}^k)^{-1}(\boldsymbol{H}^k)]^{-1}(\boldsymbol{H}^k)^{\mathrm{T}}(\boldsymbol{R}^k)^{-1}U[\boldsymbol{Z}^k](\boldsymbol{R}^k)^{-1}(\boldsymbol{H}^k)^{\mathrm{T}}\cdot \\ &[(\boldsymbol{H}^k)^{\mathrm{T}}(\boldsymbol{R}^k)^{-1}(\boldsymbol{H}^k)]^{-1}= \\ &[(\boldsymbol{H}^k)^{\mathrm{T}}(\boldsymbol{R}^k)^{-1}(\boldsymbol{H}^k)]^{-1}=\boldsymbol{P}(k) \end{aligned}$$

进一步

$$\boldsymbol{Z}^{k+1}=\begin{bmatrix}\boldsymbol{Z}^{k}\\ \boldsymbol{z}(k+1)\end{bmatrix},\quad \boldsymbol{H}^{k+1}=\begin{bmatrix}\boldsymbol{H}^{k}\\ \boldsymbol{H}(k+1)\end{bmatrix},\quad \boldsymbol{v}^{k+1}=\begin{bmatrix}\boldsymbol{v}^{k}\\ \boldsymbol{v}(k+1)\end{bmatrix}$$

$$\boldsymbol{R}^{k+1}=\begin{bmatrix}\boldsymbol{R}^{k} & \boldsymbol{0}\\ \boldsymbol{0} & \boldsymbol{R}(k+1)\end{bmatrix},\quad \boldsymbol{\mu}^{k+1}=\begin{bmatrix}\boldsymbol{\mu}^{k}\\ \boldsymbol{\mu}(k+1)\end{bmatrix}$$

则

$$\begin{aligned}\boldsymbol{P}(k+1)&=[(\boldsymbol{H}^{k+1})^{\mathrm{T}}(\boldsymbol{R}^{k+1})^{-1}(\boldsymbol{H}^{k+1})]^{-1}=\\&[(\boldsymbol{H}^{k})^{\mathrm{T}}(\boldsymbol{R}^{k})^{-1}\boldsymbol{H}^{k}+\boldsymbol{H}^{\mathrm{T}}(k+1)\boldsymbol{R}(k+1)\boldsymbol{H}(k+1)]^{-1}=\\&[\boldsymbol{I}-\boldsymbol{K}(k+1)\boldsymbol{H}(k+1)]\boldsymbol{P}(k)\end{aligned}$$

其中

$$\boldsymbol{K}(k+1)=\boldsymbol{P}(k)\boldsymbol{H}^{\mathrm{T}}(k+1)\boldsymbol{S}^{-1}(k+1)$$

$$\boldsymbol{S}(k+1)=\boldsymbol{H}(k+1)\boldsymbol{P}(k)\boldsymbol{H}^{\mathrm{T}}(k+1)+\boldsymbol{R}(k+1)$$

故状态估计为

$$\begin{aligned}\hat{\boldsymbol{x}}(k+1)&=[(\boldsymbol{H}^{k+1})^{\mathrm{T}}(\boldsymbol{R}^{k+1})^{-1}(\boldsymbol{H}^{k+1})]^{-1}(\boldsymbol{H}^{k+1})^{\mathrm{T}}(\boldsymbol{R}^{k+1})^{-1}(\boldsymbol{Z}^{k+1}-\boldsymbol{\mu}(k+1))=\\&[\boldsymbol{I}-\boldsymbol{K}(k+1)\boldsymbol{H}(k+1)\boldsymbol{P}(k)]\cdot[(\boldsymbol{H}^{k})^{\mathrm{T}}(\boldsymbol{R}^{k})^{-1}(\boldsymbol{Z}^{k}-\boldsymbol{\mu}(k))+\\&\boldsymbol{H}^{\mathrm{T}}(k+1)\boldsymbol{R}^{-1}(k+1)(\boldsymbol{Z}(k+1)-\boldsymbol{\mu}(k+1))]=\\&\hat{\boldsymbol{x}}(k)+\boldsymbol{K}(k+1)(\boldsymbol{z}(k+1)-\boldsymbol{\mu}(k+1)-\boldsymbol{H}(k+1)\hat{\boldsymbol{x}}(k))=\\&\hat{\boldsymbol{x}}(k)+\boldsymbol{K}(k+1)(\boldsymbol{z}(k+1)-\boldsymbol{h}(\hat{\boldsymbol{x}}(k),k+1))\end{aligned}$$

2.5　模糊单站无源定位数值仿真

为了进一步介绍模糊单站无源定位方法，本节展示了一个一步无源定位算例。为了计算方便且并不失一般性，假设某单站无

源定位系统方程为

$$\begin{cases}\boldsymbol{x}(k+1)=\boldsymbol{x}(k)+\boldsymbol{w}(k)\\ \boldsymbol{z}(k+1)=\boldsymbol{H}\boldsymbol{x}(k+1)+\boldsymbol{v}(k+1)\end{cases}$$

其中 $\boldsymbol{H}=[1\quad 0]$，目标辐射源状态为

$$\boldsymbol{x}(k)=\begin{bmatrix}x(k)\\ y(k)\end{bmatrix}$$

且 $$E\{\hat{x}(k)\}\sim \Pi(0.133,0.333,0.633,0.733)$$

$$E\{\hat{y}(k)\}\sim \Pi(0.245,0.445,0.745,0.845)$$

另外 $$E\{w(k)\}\sim \Pi(0,0,0,0)$$

$$E\{v(k)\}\sim \Pi(-0.067,0.167,0.167,0.367)$$

$\boldsymbol{x}(k)$ 可能性分布如图 2.2 所示，$\boldsymbol{v}(k)$ 可能性分布如图 2.3 所示。

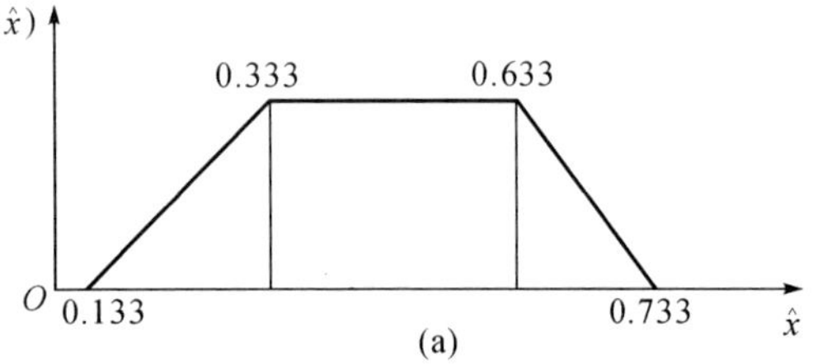

(a)

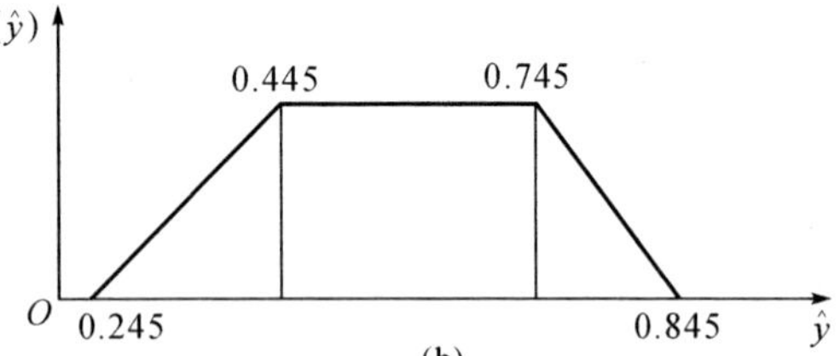

(b)

图 2.2 $\boldsymbol{x}(k)$ 的可能性分布区域

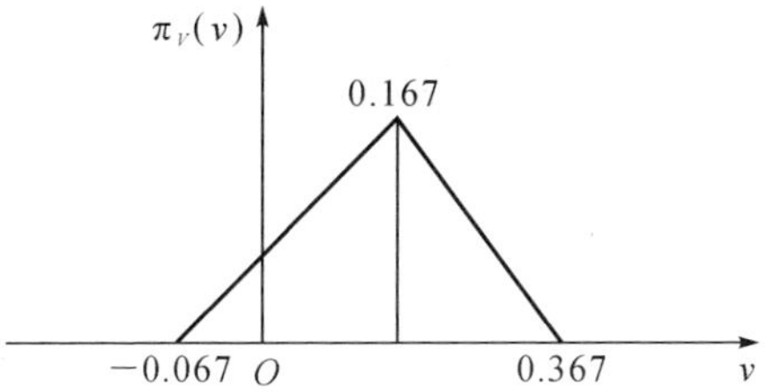

图 2.3　$v(k)$ 的可能性分布区域

由上文可得

$$U\{\hat{x}(k)\}=0.017$$

$$U\{\hat{y}(k)\}=0.017$$

若 $\hat{x}(k)$ 和 $\hat{y}(k)$ 相互独立,则

$$\boldsymbol{P}(k)=\begin{bmatrix}0.017 & 0\\ 0 & 0.017\end{bmatrix}$$

同理可得

$$R(k)=0.008$$

$$\boldsymbol{Q}(k)=0$$

(1) 一步预测:

$$E\{\hat{x}(k+1\mid k)\}\sim\Pi(0.133,0.333,0.633,0.733)$$

$$E\{\hat{y}(k+1\mid k)\}\sim\Pi(0.245,0.445,0.745,0.845)$$

$$\boldsymbol{P}(k+1\mid k)=\begin{bmatrix}0.017 & 0\\ 0 & 0.017\end{bmatrix}$$

$$\hat{\boldsymbol{z}}_l(k+1)=\boldsymbol{H}\boldsymbol{x}_l(k+1\mid k)+\boldsymbol{v}_l(k+1)$$

$$E\{\hat{\boldsymbol{z}}(k+1)\}\sim\Pi(-0.066,0.50,0.70,1.10)$$

$$\boldsymbol{S}(k+1)=\boldsymbol{H}(k+1)\boldsymbol{P}(k+1\mid k)\boldsymbol{H}^{\mathrm{T}}(k+1)+\boldsymbol{R}(k+1)=0.025$$

其中，$\hat{\boldsymbol{z}}(k+1)$ 的可能性分布如图 2.4 所示。

（2）测量配准：

$$\boldsymbol{z}(k+1)=0.512$$

$$\pi_Z(\boldsymbol{z}(k+1))=1$$

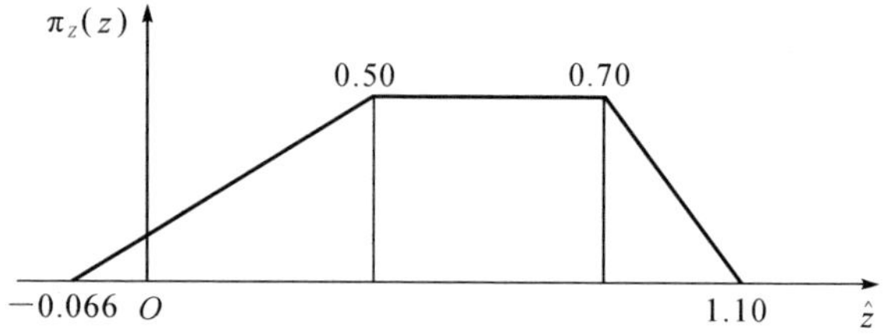

图 2.4　$\hat{z}(k+1)$ 的可能性分布区域

（3）状态更新：

$$\boldsymbol{K}(k+1)=\boldsymbol{P}(k)\boldsymbol{H}^{\mathrm{T}}(k+1)\boldsymbol{S}^{-1}(k+1)=\begin{bmatrix}0.68\\0\end{bmatrix}$$

$$\hat{\boldsymbol{x}}_l(k+1)=\hat{\boldsymbol{x}}_l(k+1\mid k)+\boldsymbol{K}(k+1)\boldsymbol{\gamma}_l(k+1)$$

$$E\{\hat{\boldsymbol{x}}(k+1)\}\sim\Pi(0.043,0.107,0.171,0.235)$$

$$E\{\hat{\boldsymbol{y}}(k+1)\}\sim\Pi(0.245,0.445,0.745,0.845)$$

$$\boldsymbol{P}(k+1)=[\boldsymbol{I}-\boldsymbol{K}(k+1)\boldsymbol{H}(k+1)]\boldsymbol{P}(k+1\mid k)=\begin{bmatrix}0.005&0\\0&0.017\end{bmatrix}$$

其中，$\hat{\boldsymbol{x}}(k+1)$ 可能性分布区域如图 2.5 所示。

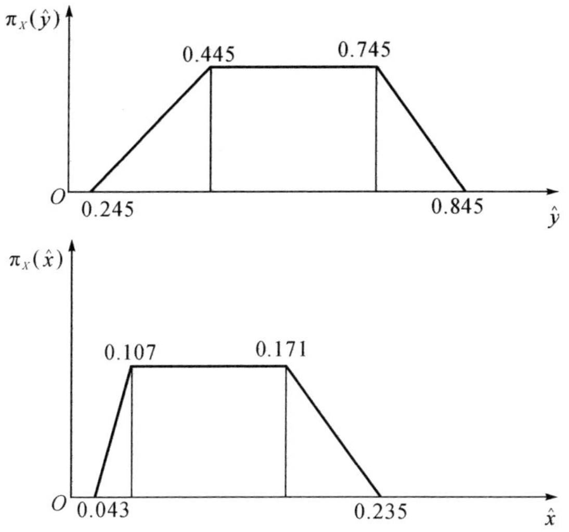

图 2.5　$\hat{\boldsymbol{x}}(k+1)$ 可能性分布区域

从上面的计算和 $\hat{\boldsymbol{x}}(k+1)$ 可能性分布区域图形可以看出 $\hat{x}$ 的不确定性在减少。

2.6　小　　结

由于现有无源定位方法都是基于概率基础上的，无法解决模糊不确定性问题。为了更好地解决模糊不确定下的单站无源定位，本章采用梯形模糊分布对单站无源定位系统中的变量进行描述，进而建立了一种新的模糊单站无源定位框架。

本章首先介绍了模糊方法在解决不确定上的优越性；其次，在模糊集的基础上，详细介绍了梯形可能性分布的性质；最后，基于模糊梯形可能性分布，建立一个模糊单站无源定位框架，在此框架下推导了非线性模糊最小二乘估计，进而提出一种模糊单站无源定位方法。建立了上述模糊单站无源定位系统的模型，从而使研究模糊单站无源定位具有了可能，为模糊单站无源定位跟踪方法研究打下了基础。

第3章　基于相位差、相位差变化率和频率变化率的模糊单站无源定位方法

3.1　引　言

第2章介绍了模糊单站无源定位系统的框架，为了更进一步研究其定位和跟踪方法，本章提出了一种新的单站无源定位体制，即确定了一种模糊单站无源定位的观测方程。将该体制应用到前面所提出的模糊框架中，从而提出一种新的模糊单站无源定位方法，并将该方法应用到以后的章节中。

无源定位技术从观测平台的数量上可分为单站无源定位和多站无源定位。单站无源定位是指仅通过单个观测平台上的单个或多个接收机测量目标辐射源的辐射信息得到目标的状态(包括位置、速度等)。与多站无源定位系统相比，单站无源定位系统[30-31,103-105]一般不需要多站同步工作和数据传输，也不依赖于各站间的通信，具有较大的灵活性。在现代电子战环境中，使用高精度、高识别率的无源定位技术进行战场监视、实现远程精确打击已成为一种重要的技术方向和发展趋势。它主要利用单平

台的机动性和灵活性，而且不需要大量的数据通信。如果装载在无人机上，在飞临目标时，更可以以简单系统和低测量精度得到高的绝对定位精度。通常，单平台定位要求侦察平台在一段时间内有较大的角度移动，以获得好的定位效果。因此，单平台定位需要较长的时间。而且现有的无源定位噪声基本上都是基于高斯白噪声的，且对目标运动的分析较少。

从质点运动学原理分析径向距离、切向速度、角度变化率和频率变化率四者之间存在密切关系，然后可以通过这些关系解算出目标辐射源到观测平台之间的径向距离[29,56]。由于更加充分地利用了接收信号的信息，基于质点运动学原理的定位与跟踪方法能获得比传统方法更好的性能。本章基于质点运动学原理，推导了利用相位差、相位差变化率和频率变化率信息的一种单站无源定位方法[106]，与传统的相位差、相位差变化率的方法相比，该方法增加了频率变化率，能够更进一步的直接利用相位差信息，不再将相位差和相位差变化率转化为角度进行定位[107-108]，减少了计算量。为了更好地解决实际情况，将模糊框架应用于该定位体制，提出了一种新体制的模糊定位算法。

3.2 节介绍现有的单站无源定位方法；3.3 节从质点运动学原理的角度出发，分别推导利用相位差、相位差变化率和频率变化率对二维平面目标和三维空间目标的定位与跟踪的方法；3.4 节、3.5 节和 3.6 节分别介绍该定位体制的可观测性、定位误差和最优估计；3.7 节基于相位差、相位差变化率和频率变化率的定位体制，提出了一种模糊单站无源定位方法，并通过仿真比较，展现了该定位方法的有效性；最后总结全章。

3.2　现有单站无源定位方法

在技术实现上，采用的体制主要有传统的多站无源雷达[29, 54,103-109]有测向交叉定位、长基线时差定位体制，而单站系统则包括差分多普勒、被动红外/紫外/激光测距、长短基线结合的相位干涉仪、目标多普勒和相位变化率等，其中单站系统多用于机载情况。测向交叉定位的精度差于时差定位，空间截获的实时性较低，但由于普遍采用高增益的天线，在作用距离上优于时差定位。有些国家在测向交叉定位设备的基础上增加了时差定位设备，提高了定位精度，但空间截获概率的指标没有提高。

对辐射源目标的无源定位，是由一个测量值确定一个定位曲面(线)，多个曲面(线)相交得到目标的位置，多次测量、定位和滤波得到目标的航迹，这就是几何定位的基本方法。另一种定位方法就是利用现代信号处理技术的滤波算法。单站无源定位系统无法直接测量目标的距离，通常只能测量到目标的方向角(DOA)和信号到达时间(TOA)、相位差变化率、频率变化率等信息。如果通过某种方法可以得到目标的距离，那么无源定位就能和雷达等有源定位一样，实现对目标的即时定位和跟踪。因此单站无源定位中的关键问题是测距问题。

根据辐射源目标和观测站的运动状态，可以将单站无源定位跟踪分为以下3种基本形式：运动单站对静止目标的定位；静止单站对运动目标的定位跟踪；运动单站对运动目标的跟踪。静止观测站由于缺乏机动性，无法保证在一些特定的条件下（比如可测量的值限制为仅有方位值，或是对静止的雷达站进行定位等）实现无模糊的定位与跟踪。而运动观测站不仅可以避免这个问题，并且良好的机动性可以提高其自我保护能力，尽可能免受攻击，但其测量精度较低。无源定位系统的技术框图如图3.1所示。

定位体制是无源定位技术的核心，它们决定着系统的定位精度和实时性。不同的定位体制形成不同的定位跟踪方案。定位跟踪中常利用的观测参数包括方向角、到达时间、频率、频率变化率、相位差变化率等，利用其中的某个观测量或者联合利用多个观测量，就形成了各种不同的定位体制。现在分别作简要分析[29,33,47,108-113]。

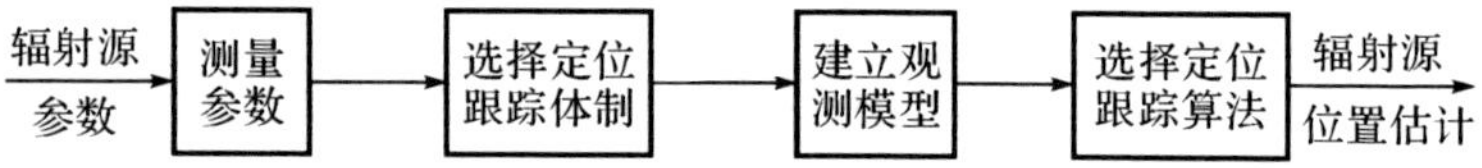

图3.1　无源定位框图

3.2.1　测向定位法

测向定位法，即仅利用方向测量信息来确定未知辐射源位置的无源定位方法（Bearing - Only），是研究得最多、最经典的单站无源定位技术。该技术定位依据的基本原理是三角测量法[49-50,114-115]，即利用运动的单个观测站在不同位置测得的目标方向角信息，运用交叉定位原理通过一定的定位算法确定出目标辐射源的位置。三角定位的关键是如何快速而精确地获得被测信号的方向数据。

测向定位法的优点是只需要方向测量数据和观测站自身位置数据，数据量小，数据处理手段也相对简单。该方法的缺点是定位精度对方向测量误差非常敏感，这就在客观上对测量设备提出了很高的要求。其次，当目标辐射源运动时，要求观测站必须做特殊的机动。当观测站机动量较小时，跟踪算法收敛困难，完成定位时目标运动距离相对较长，不利于及早确定目标位置。再次，该定位方法从开始测量到完成定位所需的时间较长，很难满足瞬息万变的现代战争需求，这一缺陷也严重地影响了该定位法的实际应用。

由于测量中没有距离信息，因此尽管国内外已有大量的关于测向无源定位的研究，并且也取得过不少很有价值的研究成果，但是从定位性能指标的改善来看都收效甚微，这是由观测量所包含的信息量决定的。从目前的情况来看，避开观测站的机动问题，基于单个观测站进行非机动无源定位跟踪，就成为非常有实用意义的技术。要做到这一点，就需要增加新的测量信息。

3.2.2 到达时间定位法

对于不是径向的、匀速直线运动的脉冲辐射源目标，若其发射脉冲的重复周期恒定，则到达时间的精确测量能够反映出目标径向距离的变化[104,113,116-117]。到达时间定位法所形成的系统是否可观测，以及可观测度的大小，与目标相对观测站的位置和运动方向有关。对于可观测性，最主要的限制条件是目标径向运动。与测向定位法一样，该定位法也存在着速度慢、精度低的弊端。同时该定位法的应用还受到雷达频率漂移、跳变的影响。其缺点是对时间测量精度要求很高，定位精度低等。

3.2.3 方位/到达时间定位法

无论是测向定位法还是到达时间定位法，都存在定位速度慢、定位精度低的弊端。另外，观测过程中目标雷达频率的漂移会影响到达时间的测量。将测向和测到达时差两种方法结合起来，通过对方位和到达时间的测量[118-120]，来实现对目标进行跟踪，这就是联合方位和到达时间法。对于脉冲辐射源，观测器可以测得脉冲信号的到达方向(DOA)和脉冲到达时间(TOA)。假设脉冲系列具有恒定的脉冲重复周期，则对于非径向的运动辐射源，由于发射相继脉冲时，辐射源到观测器的距离发生了变化，使得脉冲传播时间相应变化，反映到观测的 TOA 中，所以从 DOA 和 TOA 信息可以提取辐射源的运动状态。由于增加了观测信息，使得该方法的估计精度高于单纯的测向法或到达时间法，使观测性更强，并且使得定位跟踪更容易实现，更适于实际应用。与测向定位法一样，该方法也存在着速度慢、精度低的弊端。同时，该方法的应用还受到雷达频率漂移、跳变的影响。

相应的定位跟踪算法有最小二乘估计与Kalman滤波联合跟踪、伪线性算法、EKF型的直接递推估计算法。算法改进的关键是设法消除用线性算法近似非线性模型带来的累积误差。

3.2.4　多普勒频率及其相关定位法

1. 多普勒频率定位法[32,43]

对于连续波或有较长持续时间的信号辐射源，除了方位之外，还可以测量到达信号的频率。当观测站与辐射源目标存在相对运动时，观测站接收到的目标辐射信号的工作频率将附加一个多普勒频率值，它准确地反映了距离的变化，实质上包含了目标运动的状态，在一定条件下可以将其解算出来[52,121-123]。因此就产生了利用获得的频率测量值进行测距的定位法。一般在相对径向速度不是恒定的条件下，在一段运动时间内多次进行频率值测量，可以估算出雷达的位置。与测向法一样，多普勒法也存在收敛速度慢、精度低的缺点。

2. 多普勒频率差定位法

多普勒频率差定位[47,124]技术利用接收机平台和目标之间相对运动而产生的多普勒频率差对目标进行定位。由于决定频率差的因素较多，如载频、接收机平台和目标之间的相对位置、相对速度大小和方向等。该测量定位方法通常采用最大似然估计、最小均方估计等滤波方法，对定位精度的分析则是根据具体情况做数值计算或者解析分析。为简化问题的分析，通过对多普勒频率差定位曲线误差的分析来间接分析各参数对定位精度的影响。多普勒频率差测量精度是影响该方法定位精度的重要因素之一。测量多普勒频率差一般是在一段时间内测量其平均值，或者通过多个接收机依次高速采样得到等效的多普勒频率差。该技术的实施要解决的主要问题是侦察平台的配置和快速有效的滤波算法。

3. 方位/多普勒频率定位法

方位/多普勒频率定位法，即通过测量多普勒频率提取目标的距离信息，再结合测角系统所测得的方位信息对目标进行定位[53,125-128]。该方法多用于对连续波或有较长持续时间的信号辐射源进行定位，而且利用静止单站即可对非径向运动的目标进行定位跟踪。该方法的估计精度高于单纯的测向定位法或多普勒频率定位法，并能减少观测器的机动，增强可观测性，使对运动辐射源的跟踪更容易实现，更接近于实际应用。相应的估计算法有伪线性估计、修正的辅助变量法和最大似然法。其中，伪线性估计是有偏的，但由于它具有很好的稳定性，所以可用于其他算法的初始化过程。

3.2.5 相位差变化率定位法

依据运动学原理，在目标与观测平台相对运动的条件下，利用观测平台上携载的任意展开的二单元天线阵(干涉仪)，可以获得位置未知的辐射源辐射电磁波的相位差变化率信息[62-63,108,112-113]，此信息中含有目标的位置信息。再利用测角系统测得的目标方位角和俯仰角及其时间变化率信息，即可实现对目标的实时交叉定位。

研究结果表明，该定位算法在满足一定条件的前提下，既能实现对远距离辐射源目标的快速无源定位，也能完成对近距离低空目标的快速精确定位，定位速度和定位精度比传统的只测角定位法高很多，性能十分优良。但是，相位差变化率定位法的“快速性、准确性”是以增加测量的复杂性和难度为代价的。

3.2.6　多普勒频率变化率定位法

依据运动学原理，对观测站与目标辐射源之间的相对运动速度进行分解，从切向速度中提取相位干涉仪二单元天线阵接收目标辐射电磁波的相位差变化率信息，从径向速度中提取多普勒频率变化率信息，辅以方位信息，可以实现单次测距定位[64-65]。仿真结果表明，利用多普勒频率变化率作为测量量，是一种快速、高精度的单站无源定位技术，若各测量量的测量精度满足要求，则可以在很短的时间内达到较高的测距精度。

该技术的潜在优势在于，当受目标辐射源限制，观测器采样率很低时，依然可以通过较少的测量次数达到较高的测距精度。但该技术对多普勒频率变化率的测量精度的要求较高，并成为影响定位精度的主要因素之一。该技术又被称为载频多普勒技术，若采用脉冲重复周期的变化率作为测量量，则称为时间多普勒技术，后者将对频率的测量转化为对时延的测量。

目前，单站测向定位法、到达时间定位法、多普勒频率定位法、方位/到达时间定位法和方位/多普勒频率定位法的研究已经基本趋于成熟，尽管有关人员仍在进行各种有益的改进探索，但效果不是很明显。而从现有的实验和仿真结果来看，多普勒频率变化率的单站无源定位方法依据运动学原理，提取辐射源目标和观测平台的相对运动信息进行定位，概念直观清晰，定位速度和定位精度比传统的单站无源定位跟踪方法高很多，在现代战争日益强调隐蔽性、快速性和准确性的今天，有着十分诱人的应用前景[60]。

3.3 基于相位差、相位差变化率和频率变化率的单站无源定位与跟踪原理

从质点运动学原理可知，径向距离、切向速度、波达角变化率、频率变化率等之间存在密切的关系，可以从中推导出目标辐射源到观测平台的径向距离[31,67]。由此可见，从质点运动学原理产生的定位与跟踪方法更能充分利用接收信号的信息，其定位与跟踪的性能应该比传统方法好。本节基于质点运动学原理，通过从接收信号中测量目标的相位差、相位差变化率和频率变化率进行单站无源定位与跟踪，比传统的基于相位差变化率的方法增加

了频率变化率观测量,因此可以得到较好的状态估计结果。另外,现有的基于相位差变化率的方法大都将相位差信息转换为角度信息,然后用角度定位法进行定位,即将相位差转化为角度、相位差变化率转化为角度变化率。本节将直接利用相位差和相位差变化率信息进行定位,又因为增加了频率变化率信息,所以称这种方法为"利用相位差、相位差变化率和频率变化率的单站无源定位与跟踪方法"[106]。

3.3.1　二维平面上的单站无源定位研究

如图 3.2 所示,O_a,O_b为相位干涉仪的天线,两个天线的基线长度为 d,l_1,l_2 为辐射源来波方向。由于观测平台与目标之间的距离远远大于 d,因此,可近似认为 l_1,l_2 互相平行。β 为来波方向,当观测器和目标辐射源距离比较远时,可以忽略目标和观测站的大小而将目标辐射源和观测站近似看成空间中的质点。

由相位差原理[63,108]得

$$\varphi(t)=\frac{2\pi d}{c}f_{\mathrm{T}}\cos\beta(t)=k_0 f_{\mathrm{T}}\cos\beta(t) \tag{3.1}$$

对式(3.1)求导得

$$\dot{\varphi}(t)=-\frac{2\pi d}{c}f_{\mathrm{T}}\sin\beta(t)\dot{\beta}(t)=-k_0 f_{\mathrm{T}}\sin\beta(t)\dot{\beta}(t) \tag{3.2}$$

联立式(3.1)和式(3.2)可得目标的定位和其变化率信息:

$$\sin\beta(t)=\sqrt{1-\frac{\varphi^2(t)}{(k_0 f_{\mathrm{T}})^2}} \tag{3.3}$$

$$\cos\beta(t)=\frac{\varphi(t)}{k_0 f_T} \tag{3.4}$$

$$\dot{\beta}(t)=\frac{\dot{\varphi}(t)}{\sqrt{(k_0 f_T)^2-\varphi^2(t)}} \tag{3.5}$$

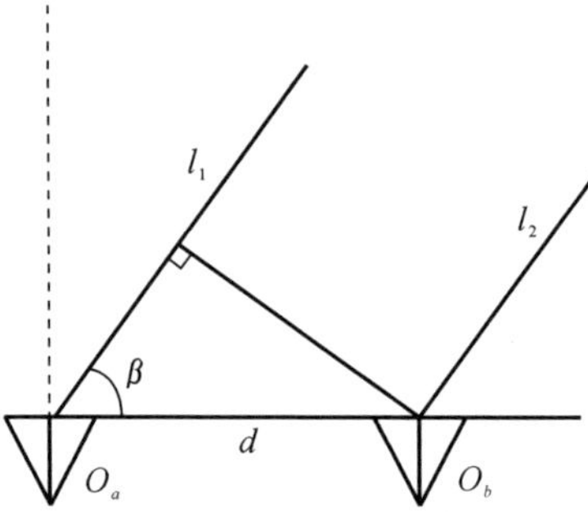

图 3.2　二维相位差几何模型

假设以平台中心 O 为相对原点，并假定目标辐射源(Target, T)与观测站(Observer , O) 之间的径向距离为 r，方向角为 β，观测平台的速度为($\dot{x}_O$，$\dot{y}_O$)，目标的坐标和速度分别为(x_T，y_T) 和($\dot{x}_T$，$\dot{y}_T$)，目标和观测站的相对速度为 v，相对径向速度、相对切向速度、相对水平速度和相对垂直速度分别为 v_t，v_r，$\dot{x}$ 和 $\dot{y}$，如图 3.3 所示。其中，目标辐射源和观测站的相对位置和速度分别为(x，y)＝(x_T-x_O，y_T-y_O) 和($\dot{x}$，$\dot{y}$)＝($\dot{x}_T-\dot{x}_O$，$\dot{y}_T-\dot{y}_O$)。

基于运动学原理[67]，目标辐射源与观测平台之间的相对速度 $v(t)$ 可分解为径向速度 $v_t(t)$ 和切向速度 $v_r(t)$，即

$$v_r(t)=\dot{r}(t) \tag{3.6}$$

$$v_t(t)=r(t)\dot{\beta}(t) \tag{3.7}$$

通过式(3.7),式(3.3) ～ 式(3.5) 径向距离 r 可表示为

$$r(t)=\frac{v_t(t)}{\dot{\beta}(t)}=\frac{-\dot{x}(t)\sin\beta(t)+\dot{y}(t)\cos\beta(t)}{\dot{\beta}(t)}=$$

$$\frac{-\dot{x}(t)\left[(k_0 f_{\mathrm{T}})^2-\varphi^2(t)\right]+\dot{y}(t)\varphi(t)\sqrt{(k_0 f_{\mathrm{T}})^2-\varphi^2(t)}}{k_0 f_{\mathrm{T}}\dot{\varphi}(t)} \tag{3.8}$$

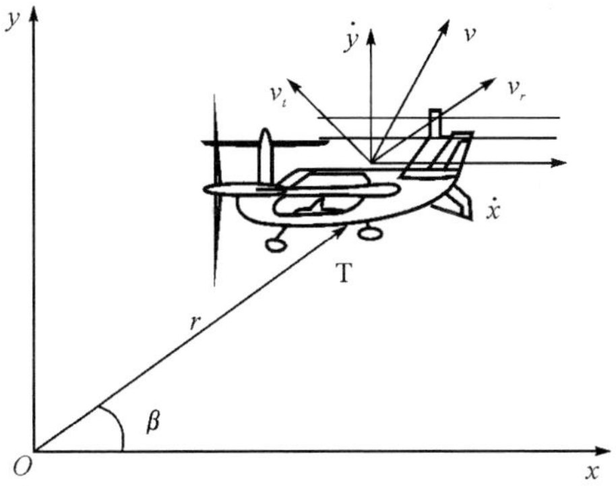

图 3.3　二维平面无源定位几何图

另外,基于运动学原理[38,40,104] 可知

$$\ddot{r}(t)=\frac{v_t(t)}{r(t)} \tag{3.9}$$

由于目标辐射源和观测平台之间存在相对运动,由多普勒原理可知

$$v_r(t)=\dot{r}(t)=-\lambda f_d(t) \tag{3.10}$$

对式(3.10) 求导,得

$$\dot{v}_r(t)=\ddot{r}(t)=-\lambda\dot{f}_d(t) \tag{3.11}$$

其中，λ 为接收信号的波长；式中的负号表示多普勒频率的增减趋势，当目标辐射源和观测平台相互靠近时，$\dot{r}$ 为负数，$\dot{f}_d$ 为正数；当目标远离观测平台时，$\dot{r}$ 为正数，$\dot{f}_d$ 为负数。另外，对于恒定载波频率的目标辐射源，多普勒频率变化率等价于频率变化率，因此在以后的讨论中用载波频率变化率 $\dot{f}$ 代替多普勒频率变化率 $\dot{f}_d$。

联立式(3.9)和式(3.11)得

$$r(t)=-\frac{v_t(t)}{\lambda\dot{f}(t)}=-\frac{\left[\dot{x}(t)\sin\beta(t)+\dot{y}(t)\cos\beta(t)\right]^2}{\lambda\dot{f}(t)}=$$

$$-\frac{\left[\dot{x}(t)\sqrt{(k_0f_{\mathrm{T}})^2-\varphi^2(t)}+\dot{y}(t)\varphi(t)\right]^2}{\lambda(k_0f_{\mathrm{T}})^2\dot{f}(t)} \tag{3.12}$$

由于无法预知目标辐射源的速度，所以切向速度未知，式(3.8)和式(3.12)不能得到目标辐射源到观测平台的径向距离。可以联立式(3.7)、式(3.9)和式(3.10)得

$$r(t)=-\lambda\frac{\dot{f}(t)}{\dot{\varphi}^2(t)}(k_0^2f_{\mathrm{T}}^2-\varphi^2(t)) \tag{3.13}$$

然后根据三角原理可以得出目标的位置，有

$$\left.\begin{aligned}x_{\mathrm{T}}(t)&=x_{\mathrm{O}}(t)+r(t)\frac{\varphi(t)}{k_0f_{\mathrm{T}}}\\y_{\mathrm{T}}(t)&=y_{\mathrm{O}}(t)+r(t)\sqrt{1-\frac{\varphi^2(t)}{k_0^2f_{\mathrm{T}}^2}}\end{aligned}\right\} \tag{3.14}$$

其中

$$\begin{cases}\varphi(t)=k_0 f_{\mathrm{T}}\dfrac{x(t)}{\sqrt{x^2(t)+y^2(t)}}\\ \dot{\varphi}(t)=-k_0 f_{\mathrm{T}} y(t)\dfrac{-\dot{x}(t)y(t)+\dot{y}(t)x(t)}{[x^2(t)+y^2(t)]^{3/2}}\\ \dot{f}(t)=-\dfrac{[-\dot{x}(t)y(t)+\dot{y}(t)x(t)]^2}{\lambda[x^2(t)+y^2(t)]^{3/2}}\end{cases}$$

由上式可以看出，通过一次测量的相位差、相位差变化率和频率变化率就可估计出目标的径向距离，但不能获得目标的速度。利用多个时刻的观测数据可以得到目标的速度。

对于运动的目标辐射源，其系统方程包括状态方程和观测方程。假设状态方程为

$$\boldsymbol{x}(k+1)=\boldsymbol{f}(\boldsymbol{x}(k),k)+\boldsymbol{D}(k)\boldsymbol{u}(k)+\boldsymbol{w}(k+1) \quad (3.15)$$

其中，$\boldsymbol{x}=(x,y,v_x,v_y)$ 为状态向量；$\boldsymbol{f}(x(k),k)$ 是状态函数；$\boldsymbol{u}(k)$ 为输入向量；$\boldsymbol{D}(k)$ 为输入增益；$\boldsymbol{w}(k+1)$ 为处理噪声。

观测方程为

$$\boldsymbol{z}(k+1)=\boldsymbol{h}(\boldsymbol{x}(k+1),k+1)+\boldsymbol{v}(k+1) \quad (3.16)$$

其中，$\boldsymbol{z}(k+1)$ 是包含噪声的观测向量；$\boldsymbol{h}$ 是非线性测量函数，$\boldsymbol{v}(k+1)$ 为测量噪声。

在本章中，测量向量包括相位差、相位差变化率、频率变化率。因此，非线性测量函数可表示为

$$\boldsymbol{h}=\begin{bmatrix}\varphi(k)\\ \dot{\varphi}(k)\\ \dot{f}(k)\end{bmatrix}=\begin{bmatrix}k_0 f_0\dfrac{x(k)}{\sqrt{x^2(k)+y^2(k)}}\\ -k_0 f_{\mathrm{T}} y(k)\dfrac{-\dot{x}(k)y(k)+\dot{y}(k)x(k)}{[x^2(k)+y^2(k)]^{3/2}}\\ -\dfrac{[-\dot{x}(k)y(k)+\dot{y}(k)x(k)]^2}{\lambda[x^2(k)+y^2(k)]^{3/2}}\end{bmatrix}$$

观测噪声为

$$\boldsymbol{v}(k+1)=\begin{bmatrix} v_{\varphi}(k) \\ v_{\dot{\varphi}}(k) \\ v_{\dot{f}_d}(k) \end{bmatrix}$$

从整个系统方程可以看出，该无源定位系统的状态方程是一个典型的线性方程，而观测方程却是状态矢量 $\boldsymbol{x}$ 的严重非线性方程；由于观测矢量 $\boldsymbol{z}$ 的维数小于状态矢量 $\boldsymbol{x}$ 的维数，所以该定位方法无法根据一次观测值解出状态向量，需要利用多次的观测值对目标的状态矢量进行估计。上述滤波算法问题将在下一章着重讨论。

3.3.2 三维平面上的单站无源定位研究

三维空间的单站无源定位原理与二维的情况基本相似，首先介绍三维条件下相位差原理[108]。如图 3.4 所示，O_a，O_b，O_c 分别为安装在两个正交干涉仪的 3 个单元天线，其中，O_aO_b 间对应的基线长度为 d_x，O_aO_c 间对应的基线长度为 d_y，l_1，l_2，l_3 辐射源来波方向，由于观测平台与目标之间的距离远远大于干涉仪的基线长度，因此，可近似认为 l_1，l_2，l_3 互相平行。假设 O_bA 是 l_2 在平面 XOY 的投影，且 $O_bA\perp O_aA$，所以 $\angle O_aO_bO_A=\beta$ 为目标相对观测平台的方位角（以 OX 正向为基准），$\angle AO_bB=\varepsilon$ 为目标相对观测平台的俯仰角（以 XOY 正向为基准），过 O_a 作 $O_aB\perp l_2$ 于 B，O_bB 为 O_aO_b 接收电磁波的波程差。同样，O_cC 是 l_3 在平面

XOY 的投影，且 $O_cC \perp O_aC$，过 O_a 作 $O_aD \perp l_3$ 于 D，O_cD 为 O_aO_c 接收电磁波的波程差。为方便计算相位差，定义以下参数：ω_T 为到达观测平台的来波角频率；f_T 为来波频率；Δt_x 为来波到达 O_a，O_b 的时间差；Δt_y 为来波到达 O_a，O_c 的时间差；c 为光速。

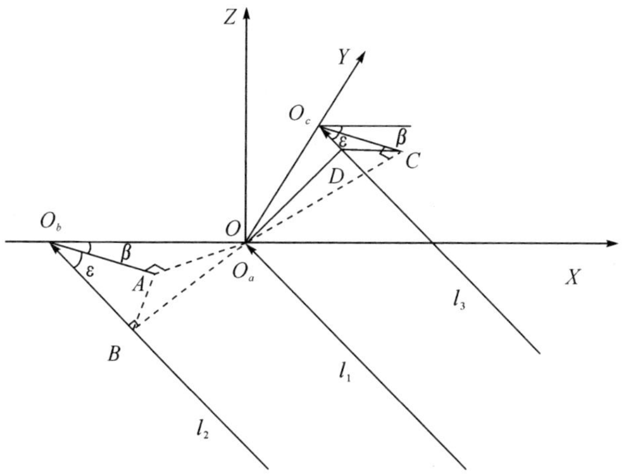

图 3.4　相位差测量几何模型

在 RtΔO_bAB 中（证明见附录 3.1），有

$$O_bB = O_bA \times \cos\varepsilon$$

又因为在 RtΔO_aO_bA 中：

$$O_bA = O_aO_b\cos\beta$$

所以

$$O_bB = O_bA \times \cos\varepsilon = O_aO_b\cos\beta\cos\varepsilon = d_x\cos\beta\cos\varepsilon \quad (3.17)$$

对观测平台相位干涉仪的二单元天线阵 O_a，O_b 接收的目标反射电波的相位差解模糊处理，得 O_aO_b 相位差表达式

$$\varphi_x = \omega_T \times \Delta t_x = 2\pi f_T \times \frac{d_x}{c}\cos\beta\cos\varepsilon = k_x f_T \cos\beta\cos\varepsilon \tag{3.18}$$

式中，$k_x = \dfrac{2\pi d_x}{c}$。

O_aO_b 相位差变化率表达式为

$$\dot{\phi}_x = -k_x f_T(\dot{\beta}\sin\beta\cos\varepsilon + \dot{\varepsilon}\cos\beta\sin\varepsilon) \tag{3.19}$$

同理，在 $\mathrm{Rt}\Delta O_cDC$ 中，有

$$O_cD = O_cD \times \cos\varepsilon = O_aO_c\sin\beta\cos\varepsilon = d_y\sin\beta\cos\varepsilon \tag{3.20}$$

O_aO_c 相位差表达式为

$$\phi_y = \omega_T \times \Delta t_y = 2\pi f_T \times \frac{d_y}{c}\sin\beta\cos\varepsilon = k_y f_T \sin\beta\cos\varepsilon \tag{3.21}$$

式中，$k_y = \dfrac{2\pi d_y}{c}$。

O_aO_c 相位差变化率的表达式为

$$\dot{\phi}_y = k_y f_T(\dot{\beta}\cos\beta\cos\varepsilon - \dot{\varepsilon}\sin\beta\sin\varepsilon) \tag{3.22}$$

联立式(3.18)～式(3.22)，可得目标的方位及其对应的变化率信息，有

$$\sin\beta = \frac{k_x\varphi_y}{(k_y^2\varphi_x^2 + k_x^2\varphi_y^2)^{\frac{1}{2}}} \tag{3.23}$$

$$\cos\beta = \frac{k_y\varphi_x}{(k_y^2\varphi_x^2 + k_x^2\varphi_y^2)^{\frac{1}{2}}} \tag{3.24}$$

$$\dot{\beta} = \frac{k_x k_y(\varphi_x\dot{\varphi}_y - \dot{\varphi}_x\varphi_y)}{k_y^2\varphi_x^2 + k_x^2\varphi_y^2} \tag{3.25}$$

$$\cos\varepsilon = \frac{(k_y^2\varphi_x^2 + k_x^2\varphi_y^2)^{\frac{1}{2}}}{k_x k_y f_T} \tag{3.26}$$

$$\sin\varepsilon = \frac{(k_y^2 k_x^2 f_T^2 - k_y^2\varphi_x^2 - k_x^2\varphi_y^2)^{\frac{1}{2}}}{k_x k_y f_T} \tag{3.27}$$

$$\dot{\varepsilon} = -\frac{k_y^2\varphi_x\dot{\varphi}_x + k_x^2\varphi_y\dot{\varphi}_y}{(k_y^2\varphi_x^2 + k_x^2\varphi_y^2)^{\frac{1}{2}}(k_y^2 k_x^2 f_T^2 - k_y^2\varphi_x^2 - k_x^2\varphi_y^2)^{\frac{1}{2}}} \tag{3.28}$$

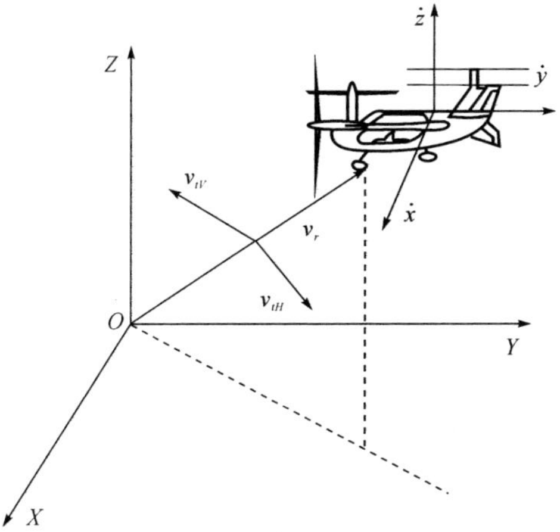

图 3.5　三维观测站和目标辐射源示意图

现在讨论在相位差、相位差变化率和频率变化率测量信息条件下，如何基于运动学原理获得目标的位置。如图3.5所示，不失一般性，假设观测平台位置 O 坐标为(x_O, y_O, z_O)，速度为$(\dot{x}_O, \dot{y}_O, \dot{z}_O)$，目标的坐标和速度分别为$(x_T, y_T, z_T)$和$(\dot{x}_T, \dot{y}_T, \dot{z}_T)$，两者的相对位置和速度分别为$(x, y, z) = (x_T - x_O, y_T - y_O, z_T - z_O)$和$(\dot{x}, \dot{y}, \dot{z}) = (\dot{x}_T - \dot{x}_O, \dot{y}_T - \dot{y}_O, \dot{z}_T - \dot{z}_O)$，为方便起见，以 O 为相对原点。

在球形坐标系下，目标和辐射源的相对位置可以表示成径向距离 r、方位角 β、俯仰角 ε 的形式[29,38]，有

$$\left.\begin{aligned} r(t) &= \sqrt{x^2(t)+y^2(t)+z^2(t)} \\ \beta(t) &= \arctan\left[\frac{y(t)}{x(t)}\right] \\ \varepsilon(t) &= \arctan\left[\frac{z(t)}{\sqrt{x^2(t)+y^2(t)}}\right] \end{aligned}\right\} \tag{3.29}$$

相对速度可分解为径向速度 $\dot{r}$、水平切向速度 v_H 和垂直切向速度 v_V，则

$$\left.\begin{aligned} \dot{r}(t) &= \dot{x}(t)\cos\beta(t)\cos\varepsilon(t)+\dot{y}(t)\sin\beta(t)\cos\varepsilon(t)+\dot{z}(t)\sin\varepsilon(t) \\ v_H(t) &= -\dot{x}(t)\sin\beta(t)+\dot{y}(t)\cos\beta(t) \\ v_V(t) &= -\dot{x}(t)\cos\beta(t)\sin\varepsilon(t)+\dot{y}(t)\sin\beta(t)\sin\varepsilon(t)+\dot{z}(t)\cos\varepsilon(t) \end{aligned}\right\} \tag{3.30}$$

对式(3.29)求导，并带入式(3.30)得

$$\left.\begin{aligned} \dot{r}(t) &= \frac{\dot{x}(t)x(t)+\dot{y}(t)y(t)+\dot{z}(t)z(t)}{r(t)} \\ v_H &= r\dot{\beta}\cos\varepsilon \\ v_V &= r\dot{\varepsilon} \end{aligned}\right\} \tag{3.31}$$

基于运动学定理，相对径向加速度为

$$a_r = \ddot{r} - \frac{v_H^2(t)}{r(t)} - \frac{v_V^2(t)}{r(t)} \tag{3.32}$$

如果观测平台和目标辐射源都是非机动[29]，那么 $a_r = 0$，即

$$\ddot{r} = \frac{v_H^2(t)}{r(t)} + \frac{v_V^2(t)}{r(t)} \tag{3.33}$$

将式 (3.11)、式(3.30) 和式(3.31) 代入式(3.33) 得

$$r(t)=-\frac{\lambda\dot{f}(t)}{(\dot{\beta}(t)\cos\varepsilon(t))^{2}+\dot{\varepsilon}^{2}(t)} \tag{3.34}$$

将式(3.25)、式(3.26) 和式(3.28) 带入式(3.34) 得

$$r(t)=-\frac{\lambda f_{\mathrm{T}}^{2}\dot{f}(t)\,(k_y^2\phi_x^2+k_x^2\phi_y^2)\,(k_y^2k_x^2f_{\mathrm{T}}^2-k_y^2\phi_x^2-k_x^2\phi_y^2)}{(\phi_x\dot{\phi}_y-\dot{\phi}_x\phi_y)^2(k_y^2k_x^2f_{\mathrm{T}}^2-k_y^2\phi_x^2-k_x^2\phi_y^2)+f_{\mathrm{T}}^2(k_y^2\phi_x\dot{\phi}_x+k_x^2\phi_y\dot{\phi}_y)^2} \tag{3.35}$$

由图 3.5 的几何关系可知，目标的辐射源位置为

$$\left.\begin{aligned}
x_{\mathrm{T}}(t)&=x_{\mathrm{O}}(t)+r(t)\frac{\varphi_x}{k_xf_{\mathrm{T}}}\\
y_{\mathrm{T}}(t)&=y_{\mathrm{O}}(t)+r(t)\frac{\varphi_y}{k_yf_{\mathrm{T}}}\\
z_{\mathrm{T}}(t)&=z_{\mathrm{O}}(t)+r(t)\frac{(k_y^2k_x^2f_{\mathrm{T}}^2-k_y^2\varphi_x^2-k_x^2\varphi_y^2)^{\frac{1}{2}}}{k_xk_yf_{\mathrm{T}}}
\end{aligned}\right\} \tag{3.36}$$

对于未知速度的三维目标辐射源，由式(3.36) 可以看出，通过一次测量的相位差、相位差变化率和频率变化率就可估计出目标的径向距离，但不能获得目标的速度。利用多个时刻的观测数据可以得到目标的速度。

与二维平面的定位与跟踪情况类似，整个系统亦可由式(3.15) 和式(3.16) 求得，不同的是非线性测量函数表示为

$$\boldsymbol{h}=\begin{bmatrix}\varphi_x(k)\\ \dot{\varphi}_x(k)\\ \varphi_y(k)\\ \dot{\varphi}_y(k)\\ \dot{f}(k)\end{bmatrix}=$$

$$
\begin{bmatrix}
k_x f_{\mathrm{T}} \dfrac{y}{\sqrt{x^2+y^2+z^2}} \\
-k_x f_{\mathrm{T}} \dfrac{(xyv_x - x^2 v_y)(x^2+y^2+z^2) - xyz^2 v_x - y^2 z^2 v_y + yz(x^2+y^2)v_z}{(x^2+y^2)(x^2+y^2+z^2)^{3/2}} \\
k_0 f_{\mathrm{T}} \dfrac{x}{\sqrt{x^2+y^2+z^2}} \\
-k_y f_{\mathrm{T}} \dfrac{(y^2 v_x - xyv_y)(x^2+y^2+z^2) + x^2 z^2 v_x - xyz^2 v_y - yz(x^2+y^2)v_z}{(x^2+y^2)(x^2+y^2+z^2)^{3/2}} \\
-\dfrac{v_H^2 + v_V^2}{\lambda \sqrt{x^2+y^2+z^2}}
\end{bmatrix}
$$

观测噪声为

$$
\boldsymbol{v}(k+1) = \begin{bmatrix} v_{\varphi_x}(k) \\ v_{\dot{\varphi}_x}(k) \\ v_{\varphi_y}(k) \\ v_{\dot{\varphi}_y}(k) \\ v_{\dot{f}_d}(k) \end{bmatrix}
$$

从整个系统方程可以看出,三维空间的无源定位与跟踪的系统方程与二维的情况类似,而且其观测方程比较复杂。为了方便起见,本节的其他部分都是以二维的情况进行讨论的。

3.4 可观测分析

在上一节,基于运动学原理讨论了利用相位差、相位差变化率和频率变化率的定位与跟踪原理,但该定位方法并不是在任何情况下都可以对目标进行定位的，本节将讨论在什么样的条件下该定位方法可完成对目标的定位和跟踪，即系统的可观测性。本节首先介绍可观测性原理，并讨论了以相位差、相位差变化率和频率变化率为观测信息的无源定位可观测原理，然后分析了匀速运动的可观测性问题。由于三维单站无源定位的可观测性形式和二维情况基本相同，因此为了方便起见，本节仅对二维情况进行讨论。

3.4.1　可观测性原理

系统的可观测问题是[29-30,47,68,129]：在有限的时间间隔内，在已知观测向量 $\boldsymbol{z}$ 的前提下，在什么条件下，系统能够获得状态矢量 $\boldsymbol{x}$ 的在同一时间间隔内的唯一解，即可观测性指根据观测信息能否获得系统状态的唯一解。

1. 连续系统可观测条件

设非线性连续系统的状态方程和测量方程为

$$\left.\begin{aligned}\dot{\boldsymbol{x}}(t)&=\boldsymbol{f}(\boldsymbol{x}(t),t)+\boldsymbol{w}(t)\\ \boldsymbol{z}(t)&=\boldsymbol{h}(\boldsymbol{x}(t),t)+\boldsymbol{v}(t)\end{aligned}\right\}\tag{3.37}$$

其中

$$E[\boldsymbol{w}(t)]=0$$

$$E[\boldsymbol{v}(t)]=0$$

$$E[\boldsymbol{w}(t)\boldsymbol{w}^{\mathrm{T}}(\tau)]=\boldsymbol{q}(t)\delta(t-\tau)$$

$$E[\boldsymbol{v}(t)\boldsymbol{v}^{\mathrm{T}}(\tau)]=\boldsymbol{p}(t)\delta(t-\tau)$$

$$E[\boldsymbol{w}(t)\boldsymbol{v}^{\mathrm{T}}(t)]=0$$

如果

$$\boldsymbol{M}(t-\tau,t)=\int_{t-\tau}^{t}\boldsymbol{F}^{\mathrm{T}}(\tau,t)\boldsymbol{H}^{\mathrm{T}}(\tau)p^{-1}\boldsymbol{H}(\tau)\boldsymbol{F}(\tau,t)\mathrm{d}\tau>0 \tag{3.38}$$

那么系统为随机可观测[38,122]。

如果

$$\boldsymbol{M}(t-\tau,t)=\int_{t-\tau}^{t}\boldsymbol{F}^{\mathrm{T}}(\tau,t)\boldsymbol{H}^{\mathrm{T}}(\tau)\boldsymbol{H}(\tau)\boldsymbol{F}(\tau,t)\mathrm{d}\tau>0 \tag{3.39}$$

那么系统为可观测。其中 $\boldsymbol{H}(t)=\dfrac{\partial\boldsymbol{h}(\boldsymbol{x}(t),t)}{\partial\boldsymbol{x}}$,$\boldsymbol{F}(\tau,t)$ 是 $\dfrac{\partial\boldsymbol{f}}{\partial\boldsymbol{x}}$ 的转移矩阵。

随机可观测比可观测多考虑了测量噪声方差的影响,方差越大,则随机可观测性就越差。

2. 离散系统可观测条件

设离散系统的状态方程和测量方程为

$$\left.\begin{aligned}\boldsymbol{x}(k+1)&=\boldsymbol{f}(\boldsymbol{x}(k),\boldsymbol{u}(k),k)+\boldsymbol{w}(k+1)\\ \boldsymbol{z}(k+1)&=\boldsymbol{h}(\boldsymbol{x}(k+1),k+1)+\boldsymbol{v}(k+1)\end{aligned}\right\} \tag{3.40}$$

式中

$$E[\boldsymbol{w}(k)]=0$$

$$E[\boldsymbol{v}(k)]=0$$

$$E[\boldsymbol{w}(k)\boldsymbol{w}^{\mathrm{T}}(j)]=\boldsymbol{Q}(k)\delta(k-j)$$

$$E[\boldsymbol{v}(k)\boldsymbol{v}^{\mathrm{T}}(j)]=\boldsymbol{R}(t)\delta(k-j)$$

$$E[\boldsymbol{w}(k)\boldsymbol{v}^{\mathrm{T}}(j)]=0$$

如果

$$\boldsymbol{M}(k-N+1,k)=\sum_{i=k-N+1}^{k}\boldsymbol{F}^{\mathrm{T}}(i,k)\boldsymbol{H}^{\mathrm{T}}(i)\boldsymbol{R}^{-1}(i)\boldsymbol{H}(i)\boldsymbol{F}(i,k)>0 \tag{3.41}$$

那么离散系统一致完全随机可观测；

如果

$$\boldsymbol{M}(k-N+1,k)=\sum_{i=k-N+1}^{k}\boldsymbol{F}^{\mathrm{T}}(i,k)\boldsymbol{H}^{\mathrm{T}}(i)\boldsymbol{H}(i)\boldsymbol{F}(i,k)>0 \tag{3.42}$$

那么离散系统一致完全可观测。

式中，N 为与 k 无关的正整数；$\boldsymbol{H}(k)=\dfrac{\partial h(x(k),k)}{\partial x}$；$\boldsymbol{F}(i,k)$ 是 $\dfrac{\partial \boldsymbol{f}}{\partial \boldsymbol{x}}$ 的转移矩阵。

随机可观测比可观测多考虑了测量噪声方差的影响，方差越大，则随机可观测性就越差。一般情况下，测量噪声方差 $\boldsymbol{p}>0$，$\boldsymbol{R}>0$。

考虑利用离散观测序列 $\boldsymbol{Z}_{i+n-1}=\{z_i,z_{i+1},\cdots,z_{i+n-1}\}$ 来确定 i 时刻 $\boldsymbol{X}_i$，则和上述非线性可观测定理等价的结论是

$$\operatorname{rank}[\boldsymbol{\Lambda}(i,i+N-1)]=n$$

其中

$$\boldsymbol{\Lambda}(n,n+N-1)=\begin{bmatrix}\boldsymbol{H}\\ \boldsymbol{HF}\\ \vdots\\ \boldsymbol{HF}^{n-1}\end{bmatrix}$$

除了判断 $\boldsymbol{\Lambda}$ 是否列满秩外，还可以直接根据定义，对观测方程求解，如果能够得到唯一解，那么系统可观测。

3.4.2 匀速运动目标的可观测性分析

上小节介绍了基于相位差、相位差变化率和频率变化率定位方法下的可观测性问题，本小节将讨论目标为匀速运动情况下系统的可观测性问题。

假设目标做匀速运动，由于状态空间维数为 4，而观测空间维数为 3，因此，无法用一次测量值 $\boldsymbol{z}(k)=[\varphi(k),\dot{\varphi}(k),\dot{f}_d(k)]$ 获得唯一确定的状态值。如果采用可观测性的判断定理分析其观测性，计算 $\boldsymbol{\Lambda}$ 和 $\boldsymbol{\Delta}(\boldsymbol{\Lambda}^{\mathrm{T}}\boldsymbol{\Lambda})$ 过程复杂，因此，采用可观测性的定义来讨论匀速目标的可观测性，即，通过两次观测值获得 6 个方程构成的四元方程组来分析是否能够得到目标状态 $\boldsymbol{x}(k)$[29,31,106]。

命题 3.1 在利用相位差、相位差变化率和频率变化率的单站无源定位系统中，对于匀速运动目标，$v_t \neq 0$ 是系统两次观测周期内可观测的充要条件。

证明详见附录 3.2。

从命题 3.1 可知，对于匀速运动的目标辐射源，当 $v_t \neq 0$ 是不可观测的，对应于以下两种情况：

(1) 观测平台和目标辐射源之间相对静止，即 $\dot{x}_T = \dot{x}_O, \dot{y}_T = \dot{y}_O$；

(2) 观测平台和目标辐射源的相对径向速度为零。

3.5　测距误差分析

为了便于分析，同时不失一般性，本节依然以二维情况为例来研究基于相位差、相位差变化率和频率变化率的单站无源定位方法对固定辐射源即时测距的误差[62,107]。由定位公式(3.14)知，目标辐射源的定位误差与观测站的位置误差 $\Delta x_O, \Delta y_O$，辐射源来波频率误差 Δf_d，相位差测量误差 $\Delta\varphi$，相位差变化率测量误差 $\Delta\dot{\varphi}$，频率变化率误差 $\Delta\dot{f}$ 有关。为表述简单，公式(3.14) 简写为

$$\left.\begin{aligned} x_T &= x_O + r\frac{\varphi}{k_0 f_T} \\ y_T &= y_O + r\sqrt{1-\frac{\varphi^2}{k_0 f_T}} \end{aligned}\right\} \tag{3.43}$$

应用一阶泰勒展开目标辐射源的定位误差为[106]

$$\Delta x_T = \frac{\partial f_x}{\partial x_O}\Delta x_O + \frac{\partial f_x}{\partial y_O}\Delta y_O + \frac{\partial f_x}{\partial f_T}\Delta f_T + \frac{\partial f_x}{\partial \varphi}\Delta\varphi + \frac{\partial f_x}{\partial \dot{\varphi}}\Delta\dot{\varphi} + \frac{\partial f_x}{\partial \dot{f}_d}\Delta\dot{f}_d \tag{3.44}$$

$$\Delta y_{\mathrm{T}}=\frac{\partial f_y}{\partial x_{\mathrm{O}}}\Delta x_{\mathrm{O}}+\frac{\partial f_y}{\partial y_{\mathrm{O}}}\Delta y_{\mathrm{O}}+\frac{\partial f_y}{\partial f_{\mathrm{T}}}\Delta f_{\mathrm{T}}+\frac{\partial f_y}{\partial \varphi}\Delta \varphi+\frac{\partial f_y}{\partial \dot{\varphi}}\Delta \dot{\varphi}+\frac{\partial f_y}{\partial \dot{f}_d}\Delta \dot{f}_d \tag{3.45}$$

假设所有误差参数彼此独立且服从高斯分布，有

$$\Delta x_{\mathrm{O}},\quad \Delta y_{\mathrm{O}}\sim N(0,\sigma_{xy}),\quad \Delta f_{\mathrm{T}}\sim N(0,\sigma_{f_{\mathrm{T}}})$$

$$\Delta\varphi\sim N(0,\sigma_{\varphi}),\quad \Delta\dot{\varphi}\sim N(0,\sigma_{\dot{\varphi}}),\quad \Delta\dot{f}\sim N(0,\sigma_{\dot{f}})$$

则

$$E[(\Delta x_{\mathrm{T}})]=E[(\Delta y_{\mathrm{T}})]=0$$

$$E[(\Delta x_{\mathrm{T}})^2]=\sigma_{x_{\mathrm{T}}}^2=\left[\left(\frac{\partial f_x}{\partial x_{\mathrm{O}}}\right)^2+\left(\frac{\partial f_x}{\partial y_{\mathrm{O}}}\right)^2\right]\sigma_{xy}^2+\left(\frac{\partial f_x}{\partial f_{\mathrm{T}}}\right)^2\sigma_{f_{\mathrm{T}}}^2+\left(\frac{\partial f_x}{\partial \varphi}\right)^2\sigma_{\varphi}^2+\left(\frac{\partial f_x}{\partial \dot{\varphi}}\right)^2\sigma_{\dot{\varphi}}^2+\left(\frac{\partial f_x}{\partial \dot{f}_d}\right)^2\sigma_{\dot{f}_d}^2$$

$$E[(\Delta y_{\mathrm{T}})^2]=\sigma_{y_{\mathrm{T}}}^2=\left[\left(\frac{\partial f_y}{\partial x_{\mathrm{O}}}\right)^2+\left(\frac{\partial f_y}{\partial y_{\mathrm{O}}}\right)^2\right]\sigma_{xy}^2+\left(\frac{\partial f_y}{\partial f_{\mathrm{T}}}\right)^2\sigma_{f_{\mathrm{T}}}^2+\left(\frac{\partial f_y}{\partial \varphi}\right)^2\sigma_{\varphi}^2+\left(\frac{\partial f_y}{\partial \dot{\varphi}}\right)^2\sigma_{\dot{\varphi}}^2+\left(\frac{\partial f_y}{\partial \dot{f}_d}\right)^2\sigma_{\dot{f}_d}^2$$

$$E[(\Delta x_{\mathrm{T}}\Delta y_{\mathrm{T}})]=E[(\Delta y_{\mathrm{T}}\Delta x_{\mathrm{T}})]=\left[\frac{\partial f_x}{\partial x_{\mathrm{O}}}\frac{\partial f_y}{\partial x_{\mathrm{O}}}+\frac{\partial f_x}{\partial y_{\mathrm{O}}}\frac{\partial f_y}{\partial y_{\mathrm{O}}}\right]\sigma_{xy}^2+\frac{\partial f_x}{\partial f_{\mathrm{T}}}\frac{\partial f_y}{\partial f_{\mathrm{T}}}\sigma_{f_{\mathrm{T}}}^2+\frac{\partial f_x}{\partial \varphi}\frac{\partial f_y}{\partial \varphi}\sigma_{\varphi}^2+\frac{\partial f_x}{\partial \dot{\varphi}}\frac{\partial f_y}{\partial \dot{\varphi}}\sigma_{\dot{\varphi}}^2+\frac{\partial f_x}{\partial \dot{f}_d}\frac{\partial f_y}{\partial \dot{f}_d}\sigma_{\dot{f}_d}^2$$

其中

$$\frac{\partial f_x}{\partial x_{\mathrm{O}}}=1,\quad \frac{\partial f_x}{\partial y_{\mathrm{O}}}=0,\quad \frac{\partial f_x}{\partial f_{\mathrm{T}}}=\frac{2\varphi^2(x_{\mathrm{T}}-x_{\mathrm{O}})}{f_{\mathrm{T}}(k_0^2 f_{\mathrm{T}}^2-\varphi^2)}$$

$$\frac{\partial f_x}{\partial \varphi}=(x_{\mathrm{T}}-x_{\mathrm{O}})\left[-\frac{2\varphi}{k_0^2 f_{\mathrm{T}}^2-\varphi^2}+\frac{1}{\varphi}\right]$$

$$\frac{\partial f_x}{\partial \dot{\varphi}}=-\frac{2(x_{\mathrm{T}}-x_{\mathrm{O}})}{\dot{\varphi}},\quad \frac{\partial f_x}{\partial \dot{f}}=\frac{x_{\mathrm{T}}-x_{\mathrm{O}}}{\dot{f}}$$

$$\frac{\partial f_y}{\partial x_{\mathrm{O}}}=0,\quad \frac{\partial f_y}{\partial y_{\mathrm{O}}}=1$$

$$\frac{\partial f_y}{\partial f_{\mathrm{T}}}=\frac{(y_{\mathrm{T}}-y_{\mathrm{O}})(k_0^2 f_{\mathrm{T}}^2+2\varphi^2)}{f_{\mathrm{T}}(k_0^2 f_{\mathrm{T}}^2-\varphi^2)}$$

$$\frac{\partial f_y}{\partial \varphi}=-\frac{3\varphi(y_{\mathrm{T}}-y_{\mathrm{O}})}{k_0^2 f_{\mathrm{T}}^2-\varphi^2}$$

$$\frac{\partial f_y}{\partial \dot{\varphi}}=-\frac{2(y_{\mathrm{T}}-y_{\mathrm{O}})}{\dot{\varphi}},\quad \frac{\partial f_y}{\partial \dot{f}_d}=\frac{y_{\mathrm{T}}-y_{\mathrm{O}}}{\dot{f}_d}$$

因此，定位误差为

$$\sigma_{\mathrm{T}}=\sqrt{\sigma_{x_{\mathrm{T}}}^2+\sigma_{y_{\mathrm{T}}}^2}$$

3.6　定位与跟踪的最优估计

为了提高估计精度，系统一般采用多次的观测值对目标状态进行估计，即第 k 次测量时刻目标的状态是由该时刻和以前的全部观测量估计出来的。在一定的参数测量误差条件下，对于线性系统采用极大似然的最优估计器，无偏估计量的方差下界就是克拉美劳下界 (Cramer-Rao Lower Bound，CRLB)[31]。

3.6.1　CRLB

CRLB[29,31,130-131] 作为无偏估计量的下限，为目标参数估计提供了一个度量标准，在统计分析中被广泛地使用。设待估计参数为 $\boldsymbol{x}=[x_1 \quad \cdots \quad x_k]^{\mathrm{T}}$，则估计的方差满足：

$$E[(\hat{\boldsymbol{x}}-\boldsymbol{x})(\hat{\boldsymbol{x}}-\boldsymbol{x})^{\mathrm{T}}] \geqslant \boldsymbol{J}^{-1} \tag{3.46}$$

其中，$\boldsymbol{J}$ 为 Fisher 信息阵，定义为

$$\boldsymbol{J}=-E\{[\nabla_x \ln p(\boldsymbol{Z}^n \mid \boldsymbol{x})][\nabla_x \ln p(\boldsymbol{Z}^n \mid \boldsymbol{x})]^{\mathrm{T}}\}|_{\boldsymbol{x}=\boldsymbol{x}} \tag{3.47}$$

式中，$\boldsymbol{x}$ 表示真实值；∇_x 表示对 $\boldsymbol{x}$ 求雅克比矩阵；$p(\boldsymbol{Z}^n \mid \boldsymbol{x})$ 表示条件概率函数；$\boldsymbol{Z}^n$ 表示 n 次观测矩阵。

3.6.2 CRLB 的计算

假设目标辐射源和观测平台在二维平面的相对运动为匀速直线运动，状态空间由相对位置和相对速度组成，$\boldsymbol{x}=[x \quad y \quad \dot{x} \quad \dot{y}]^{\mathrm{T}}$，其状态方程为

$$\boldsymbol{x}(k+1)=\boldsymbol{F}\boldsymbol{x}(k) \tag{3.48}$$

其中，$\boldsymbol{F}=\begin{bmatrix} \boldsymbol{I}_2 & \boldsymbol{I}_2 T_s \\ \boldsymbol{O} & \boldsymbol{I}_2 \end{bmatrix}$；$\boldsymbol{I}_2$ 是二阶单位阵；T_s 是测量周期。由于观测平台的运动状态完全已知，因此只需要确定目标的初始状态 $\boldsymbol{x}(0)$，即可确定目标任意时刻的状态。观测平台采用相位差、相位差变化率和频率变化率为观测量对目标辐射源进行定位和跟踪，其观测方程为

$$\boldsymbol{z}(k)=\begin{bmatrix}\varphi(k)\\ \dot{\varphi}(k)\\ \dot{f}_d(k)\end{bmatrix}=\begin{bmatrix}h_1(\boldsymbol{x}(k))\\ h_2(\boldsymbol{x}(k))\\ h_3(\boldsymbol{x}(k))\end{bmatrix}+\begin{bmatrix}v_\varphi(k)\\ v_{\dot{\varphi}}(k)\\ v_{\dot{f}_d}(k)\end{bmatrix}=\boldsymbol{h}(\boldsymbol{x}(k),k)+\boldsymbol{v}(k) \tag{3.49}$$

经过$k+1$次观测，可得累计观测$\boldsymbol{Z}^n=[\boldsymbol{z}(0)\quad \boldsymbol{z}(1)\quad \cdots\quad \boldsymbol{z}(n)]$，若噪声满足均值为零的高斯分布，则似然函数 $L(x)$[30,59] 为

$$L(\boldsymbol{x})=p(\boldsymbol{Z}^n\mid \boldsymbol{x}(0))=p[\boldsymbol{z}(1)\quad\cdots\quad \boldsymbol{z}(n)\mid \boldsymbol{x}(0)]=\prod_{k=0}^{n}p[\boldsymbol{z}(k)\mid \boldsymbol{x}(0)] \tag{3.50}$$

若不同时刻的测量噪声$\boldsymbol{v}$相互独立，则最大似然估计为最优估计，似然函数的具体形式为

$$L(\boldsymbol{x}(0))=\prod_{k=1}^{n}p[\boldsymbol{z}(k)\mid \boldsymbol{x}(0)]=\prod_{k=1}^{n}[(2\pi)^3|\boldsymbol{R}|]^{-\frac{1}{2}}\exp\left[-\frac{1}{2}[\boldsymbol{z}(k)-h(\boldsymbol{x}(0))]^{\mathrm{T}}\boldsymbol{R}^{-1}[\boldsymbol{z}(k)-h(\boldsymbol{x}(0))]\right] \tag{3.51}$$

其中$\boldsymbol{R}$为观测噪声方差，一般的情况下 v_φ，$v_{\dot{\varphi}}$，$v_{\dot{f}}$ 相互独立，因此

$$\boldsymbol{R}=\begin{bmatrix}\sigma_\varphi & 0 & 0\\ 0 & \sigma_{\dot{\varphi}} & 0\\ 0 & 0 & \sigma_{\dot{f}}\end{bmatrix}$$

根据最大似然准则，可以得到初始状态的估计，有

$$\hat{\boldsymbol{x}}(0)=\operatorname{argmax}L(\boldsymbol{x})=\operatorname{argmin}\lambda(\boldsymbol{x})$$

其中似然函数定义为

$$\lambda(\boldsymbol{x}(0))=\frac{1}{2}\sum_{k=0}^{n}\left[\boldsymbol{z}(k)-h(\boldsymbol{x}(0))\right]^{\mathrm{T}}\boldsymbol{R}^{-1}\left[\boldsymbol{z}(k)-h(\boldsymbol{x}(0))\right]=$$

$$\frac{1}{2}\sum_{k=0}^{n}\left\{\frac{(\varphi(k)-h_1(\boldsymbol{x}(0)))^2}{\sigma_{\varphi}^2}+\frac{(\dot{\varphi}(k)-h_2(\boldsymbol{x}(0)))^2}{\sigma_{\dot{\varphi}}^2}+\frac{(\dot{f}(k)-h_3(\boldsymbol{x}(0)))^2}{\sigma_{\dot{f}}^2}\right\} \tag{3.52}$$

由于 $\varphi(k)$，$\dot{\varphi}(k)$ 和 $\dot{f}(k)$ 都是 $\boldsymbol{x}(0)$ 的非线性函数，因此通过理论分析较难获得解析解，通常采用数值分析的方法（如 Newton-Raphson 或 Quasi-Newton 等）。

根据式(3.52)可以得到对目标初始位置估计的协方差阵的下界，即 CRLB 为

$$E[(\hat{\boldsymbol{x}}(0)-\boldsymbol{x}(0))(\hat{\boldsymbol{x}}(0)-\boldsymbol{x}(0))^{\mathrm{T}}]\geqslant \boldsymbol{J}^{-1} \tag{3.53}$$

其中，$\boldsymbol{J}$ 为

$$\boldsymbol{J}=E\{[\boldsymbol{\nabla}_x \ln L(\boldsymbol{x}(0))][\boldsymbol{\nabla}_x \ln L(\boldsymbol{x}(0))]^{\mathrm{T}}\}\Big|_{\boldsymbol{x}=\boldsymbol{x}(0)}=E\{[\boldsymbol{\nabla}_x\lambda(\boldsymbol{x}(0))][\boldsymbol{\nabla}_x\lambda(\boldsymbol{x}(0))]^{\mathrm{T}}\}\Big|_{\boldsymbol{x}=\boldsymbol{x}(0)} \tag{3.54}$$

式(3.54)中

$$\boldsymbol{\nabla}_x\lambda(\boldsymbol{x}(0))=-\sum_{k=1}^{n}\left\{\frac{(\varphi(k)-h_1(\boldsymbol{x}(0)))^2}{\sigma_{\varphi}^2}\boldsymbol{\nabla}_x h_1(\boldsymbol{x}(0))+\frac{(\dot{\varphi}(k)-h_2(\boldsymbol{x}(0)))^2}{\sigma_{\dot{\varphi}}^2}\boldsymbol{\nabla}_x h_2(\boldsymbol{x}(0))+\frac{(\dot{f}(k)-h_3(x(0)))^2}{\sigma_{\dot{f}}^2}\boldsymbol{\nabla}_x h_3(x(0))\right\} \tag{3.55}$$

将式(3.55)带入式(3.54)得

$$\boldsymbol{J}=\sum_{k=1}^{n}\left\{\frac{(\boldsymbol{\nabla}_x h_1(\boldsymbol{x}(0)))(\boldsymbol{\nabla}_x h_1(\boldsymbol{x}(0)))^{\mathrm{T}}}{\sigma_{\varphi}^2}+\frac{(\boldsymbol{\nabla}_x h_2(\boldsymbol{x}(0)))(\boldsymbol{\nabla}_x h_2(\boldsymbol{x}(0)))^{\mathrm{T}}}{\sigma_{\dot{\varphi}}^2}+\frac{(\boldsymbol{\nabla}_x h_3(\boldsymbol{x}(0)))(\boldsymbol{\nabla}_x h_3(\boldsymbol{x}(0)))^{\mathrm{T}}}{\sigma_{\dot{f}}^2}\right\} \tag{3.56}$$

3.7　模糊单站无源定位方法

3.7.1　一种新定位体制的单站无源定位方法

将扩展 Kalman 滤波方法(EKF)应用到基于相位差、相位差变化率和频率变化率的定位体制中，提出了一种新的单站无源定位算法(PFRC)[106]。

该无源定位系统方程为

$$\left.\begin{aligned}&\boldsymbol{x}(k+1)=\boldsymbol{f}(\boldsymbol{x}(k),\boldsymbol{u}(k),k)+\boldsymbol{w}(k+1)\\&\boldsymbol{z}(k+1)=\boldsymbol{h}(\boldsymbol{x}(k+1),k+1)+\boldsymbol{v}(k+1)=\begin{bmatrix}\varphi(k)\\\dot{\varphi}(k)\\\dot{f}(k)\end{bmatrix}+\boldsymbol{v}(k+1)\end{aligned}\right\} \tag{3.57}$$

PFRC 算法：

1. 初始值

$$\hat{\boldsymbol{x}}(0)=E[\boldsymbol{x}(0)]=\boldsymbol{m}_0,\quad \boldsymbol{P}(0)=E\{[\boldsymbol{x}(0)-\boldsymbol{m}_0][\boldsymbol{x}(0)-\boldsymbol{m}_0]^{\mathrm{T}}\}$$

2. 预测

$$\hat{\boldsymbol{x}}(k+1 \mid k)=\boldsymbol{f}(\hat{\boldsymbol{x}}(k), \boldsymbol{u}(k), k)+\boldsymbol{w}(k+1) \tag{3.58}$$

$$\boldsymbol{P}(k+1 \mid k)=\boldsymbol{F}(k) \boldsymbol{P}(k) \boldsymbol{F}^{\mathrm{T}}(k)+\boldsymbol{Q}(k+1) \tag{3.59}$$

$$\boldsymbol{S}(k+1)=\boldsymbol{H}(k+1) \boldsymbol{P}(k+1 \mid k) \boldsymbol{H}^{\mathrm{T}}(k+1)+\boldsymbol{R}(k+1) \tag{3.60}$$

其中

$$\boldsymbol{F}(k)=\frac{\partial \boldsymbol{f}(\boldsymbol{x}(k), \boldsymbol{u}(k), k)}{\partial \boldsymbol{x}}$$

$$\boldsymbol{H}(k+1)=\frac{\partial \boldsymbol{h}(\boldsymbol{x}(k+1), k+1)}{\partial \boldsymbol{x}}$$

3. 测量更新

$$\boldsymbol{\gamma}(k+1)=\boldsymbol{z}(k+1)-\boldsymbol{h}(\hat{\boldsymbol{x}}(k+1 \mid k), k+1)-\boldsymbol{w}(k+1) \tag{3.61}$$

$$\hat{\boldsymbol{x}}_l(k+1)=\hat{\boldsymbol{x}}_l(k+1 \mid k)+\boldsymbol{K}(k+1) \boldsymbol{\gamma}_l(k+1) \tag{3.62}$$

$$\boldsymbol{P}(k+1)=[\boldsymbol{I}-\boldsymbol{K}(k+1) \boldsymbol{H}(k+1)] \boldsymbol{P}(k+1 \mid k) \tag{3.63}$$

总结上述计算过程,得到 PFRC 算法步骤:

算法 3.1 PFRC 算法

步骤 1:当 $k=0$ 时,设置初始值 $\hat{\boldsymbol{x}}(0)$ 和 $\boldsymbol{P}(0)$;

步骤 2:通过式(3.58) ~ 式(3.60) 计算新的预测值;

步骤 3:通过式(3.61) ~ 式(3.63) 计算新的更新值;

步骤 4:令 $k+1 \rightarrow k$,回到步骤 2。

3.7.2 一种新定位体制的模糊单站无源定位方法

将提出的基于相位差、相位差变化率和频率变化率的单站无源定位体制应用到前面所提出的模糊系统中，提出一种新的模糊单站无源定位方法(FPFRC)。

假设模糊单站无源定位的系统方程为

$$\begin{cases} \boldsymbol{x}(k+1)=\boldsymbol{f}(\boldsymbol{x}(k),k)+\boldsymbol{D}(k)\boldsymbol{u}(k)+\boldsymbol{w}(k+1) \\ \boldsymbol{z}(k+1)=\boldsymbol{h}(\boldsymbol{x}(k+1),k+1)+\boldsymbol{v}(k+1)=\begin{bmatrix}\varphi(k)\\ \dot{\varphi}(k)\\ \dot{f}(k)\end{bmatrix}+\boldsymbol{v}(k+1) \end{cases}$$

其中，φ 为相位差；$\dot{\varphi}$ 为相位差变化率；$\dot{f}$ 为频率变化率，所有变量服从模糊梯形分布(详见 2.3 节)。

算法 3.2　FPFRC 算法步骤：

步骤 1：在确定相位差、相位差变化率和频率变化率的观测信息下，根据实际情况，确定系统的状态方程；

步骤 2：当 $k=0$ 时，设置初始值 $\hat{\boldsymbol{x}}(0)$ 和 $\boldsymbol{P}(0)$；

步骤 3：利用模糊单站无源定位方法估计新时刻的目标状态；

步骤 4：令 $k+1\rightarrow k$，回到步骤 3。

在模糊不确定性情况下，模糊单站无源定位产生的是四点状态估计值。基于文献[98]，给出以下定位判据标准：

标准 1：真实值要在模糊梯形分布区域内。

标准 2：估计误差越小，算法越有效。

3.8　仿　　真

为了进一步验证该无源定位算法的有效性，本节对提出的算法进行了仿真验证。首先，为了展现基于相位差、相位差变化率和频率变化率的单站无源定位体制的优越性，在概率框架下，与基于角度、角度变化率的无源定位算法[29]进行了比较；其次，为了展现模糊单站无源定位方法的优越性，与基于高斯分布的方法进行了比较。

不失一般性，假设观测站静止且位于坐标原点，目标辐射源匀速运动，并以相位差 φ、相位差变化率 $\dot{\varphi}$、频率变化率 $\dot{f}$ 为观测信息对目标辐射源进行定位跟踪。

假设系统的状态方程为

$$\boldsymbol{x}(k+1)=\boldsymbol{F}\boldsymbol{x}(k)+\boldsymbol{w}(k+1)$$

其中 $\boldsymbol{x}=[x \quad y \quad v_x \quad v_y]^{\mathrm{T}}$，$x,y,v_x$ 和 v_y 分别为水平位置、垂直位置、水平速度和垂直速度；$\boldsymbol{F}=\begin{bmatrix}\boldsymbol{I}_2 & \boldsymbol{I}_2 T_s \\ \boldsymbol{O} & \boldsymbol{I}_2\end{bmatrix}$；$T_s$ 是测量周期；$\boldsymbol{w}$ 是系统噪声。

测量向量包括相位差 φ，相位差变化率 $\dot{\varphi}$ 和频率变化率 $\dot{f}$，所以观测方程为

$$\boldsymbol{z}(k+1)=\begin{bmatrix}\varphi(k+1) \\ \dot{\varphi}(k+1) \\ \dot{f}(k+1)\end{bmatrix}+\boldsymbol{v}(k+1)=\boldsymbol{h}(x(k+1))+\boldsymbol{v}(k+1)$$

其中，$\boldsymbol{v}$ 是观测噪声。进一步，定义 f_0，λ 分别为来波的频率和波长；k_0 为相位差系数，并且

$$\varphi(k)=k_0 f_0 \frac{x(k)}{\sqrt{x^2(k)+y^2(k)}}$$

$$\dot{\varphi}(k)=-k_0 f_0 y(k) \frac{-v_x(k) y(k)+v_y(k) x(k)}{[x^2(k)+y^2(k)]^{3/2}}$$

$$\dot{f}(k)=-\frac{[-v_x(k) y(k)+v_y(k) x(k)]^2}{\lambda [x^2(k)+y^2(k)]^{3/2}}$$

其他相关参数设置如下：$\boldsymbol{x}(0)=[200\ \text{m}\quad 549\ \text{m}\quad 300\ \text{m/s}\quad 0\ \text{m/s}]$，$d=1.5$ m，$f_0=200$ MHz，$T_s=0.001$ s。

3.8.1　与其他单站无源定位方法仿真比较

为了进一步显示 PFRC 估计性能，将本方法与基于角度、角度变化率和频率变化率(DFRC)[29] 定位体制的单站无源定位算法进行比较。仿真参数设置如下：$\sigma_\varphi=0.002$ rad，$\sigma_{\dot{\varphi}}=0.002$ rad/s，$\sigma_{\dot{f}}=0.002$ Hz/s。

通过 100 次 Monte-Carlo 实验，得到状态估计误差曲线的仿真结果如图 3.6 所示，其中，实线表示 PFRC 状态估计误差曲线，虚线表示 DFRC 状态估计误差曲线。在图 3.6(a) ～ (d) 中，x，y，v_x 和 v_y 分别表示目标的水平位置、垂直位置、水平速度和垂直速度。

从图中可知，目标辐射源的水平位置 x、垂直位置 y、水平方向速度 v_x、垂直方向速度 v_y 的估计误差收敛，这表明 PFRC 算法能够较好地估计目标辐射源的状态。另外，与 DFRC 算法相比，PFRC 算法具有较小的误差。因此，通过仿真可知，基于相位差、相位差变化率和频率变化率的 PFRC 算法能够很好地估计目标的状态。

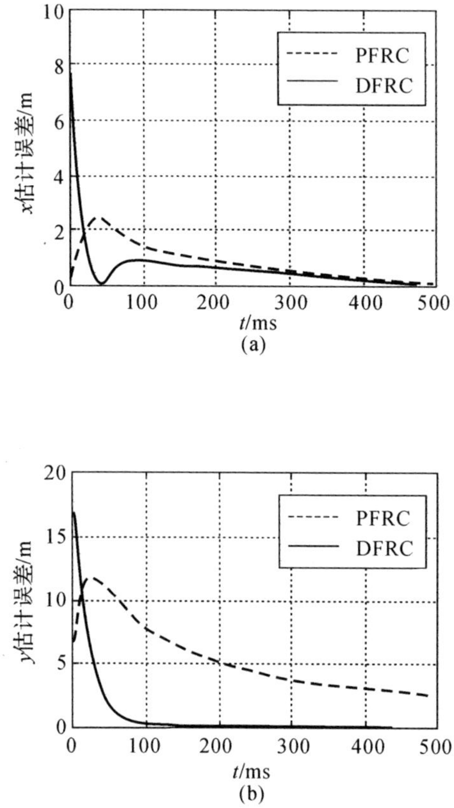

图 3.6 基于 100 次 Monte-Carlo 实验的 PFRC 和 DFRC 估计误差比较图

(a)x 估计误差； (b)y 估计误差

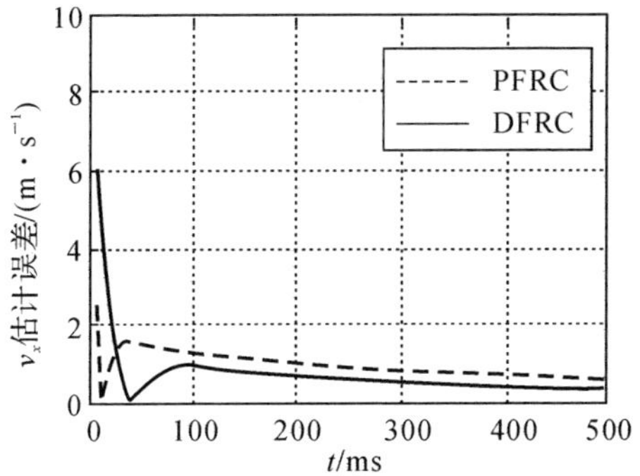

(c)

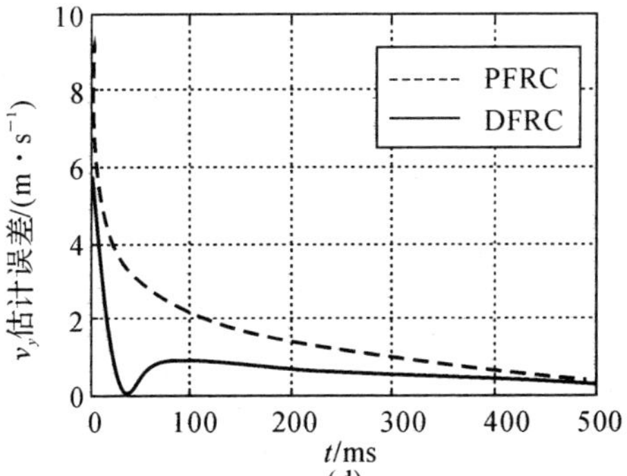

(d)

续图 3.6　基于 100 次 Monte-Carlo 实验的 PFRC 和 DFRC 估计误差比较图

(c)v_x 估计误差；（d)v_y 估计误差

3.8.2　可能性分布与概率分布仿真比较

在本节仿真中，比较了模糊噪声下和高斯噪声下的状态估计。以第 2 章提出的 PFRC 算法为例，将模糊单站无源定位方法应用到 PFRC 无源定位中，比较了模糊 PFRC 算法(FPFRC) 和高斯下的 PFRC 算法。模糊噪声下，使用的是 FEKF 算法；高斯噪声下，使用的是 EKF 算法。不失一般性，假设观测器位于原点，目标在 $x-y$ 内做匀速运动。

在本节仿真里，将基于梯形分布的 FPRFC 与基于高斯分布的 PFRC 进行比较。假设 PFRC 算法中，噪声服从高斯分布下，即 $\boldsymbol{w}$ 和 $\boldsymbol{v}$ 分别服从 $N(1.8\times10^{-5},3.4\times10^{-6})$ 和 $N(1.1\times10^{-5},2.1\times10^{-7})$，其中 $N(\mu,\sigma)$ 表示高斯分布的均值为 μ，方差为 σ。在模糊单站无源定位方法 FPFRC 中，假设噪声 $\boldsymbol{w}$ 和 $\boldsymbol{v}$ 服从下面梯形分布：

$$\begin{cases} E\{\boldsymbol{v}\}\sim \Pi(-0.001,-0.0005,0.0005,0.001) \\ E\{\boldsymbol{w}\}\sim \Pi(-0.004,-0.002,0.002,0.004) \end{cases}$$

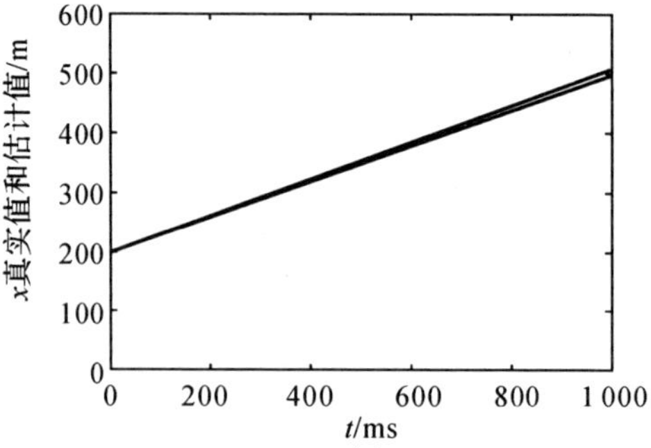

(a)

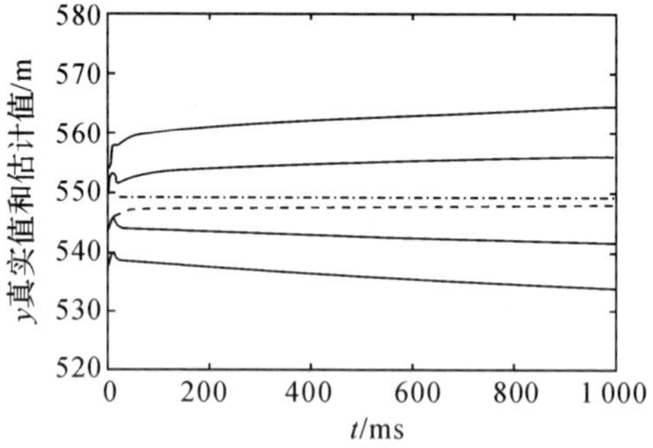

(b)

图 3.7　基于 100 次 Monte-Carlo 的状态估计

(a) x 真实值和估计值；(b) y 真实值和估计值

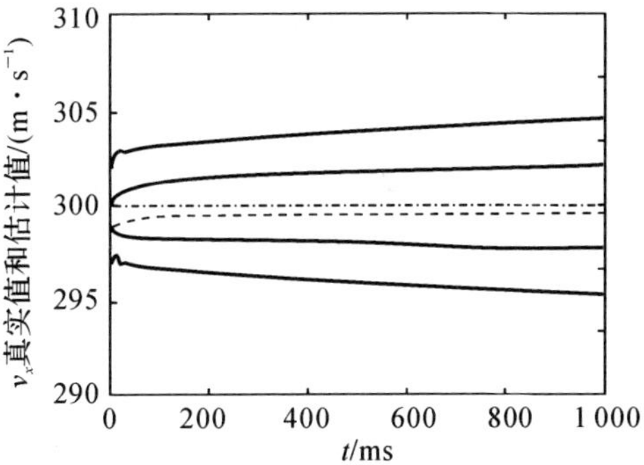

(c)

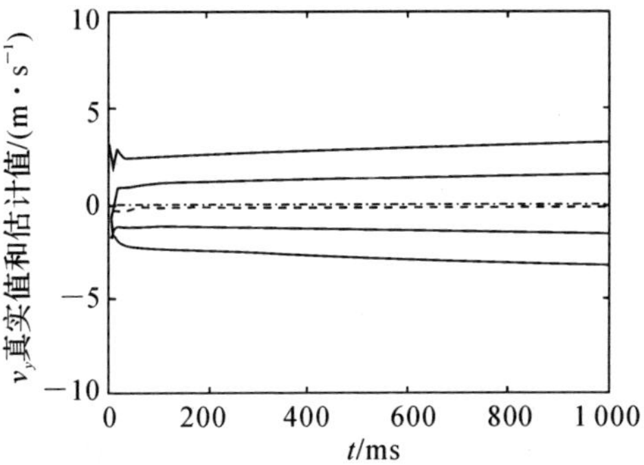

(d)

续图 3.7　基于 100 次 Monte-Carlo 的状态估计

(c)v_x 真实值和估计值；　(d)v_y 真实值和估计值

点划线表示真实值，实线代表 PFRC 估计值，虚线代表 FPFRC 估计值

通过 100 次 Monte-Carlo 实验，得到如图 3.7、图 3.8 所示的仿真结果，其中，图 3.7 表示状态估计曲线，图 3.8 表示状态估计误差曲线。在图 3.7 中，点划线表示真实值，实线表示 FPFRC 状

态估计值，虚线表示 PFRC 状态估计值；在图 3.8 中，虚线表示 PFRC 估计误差值，实线表示 FPFRC 估计误差值；在图 3.7(a) ～(d) 和图 3.8(a) ～ (d) 中，x，y，v_x 和 v_y 分别表示目标的水平位置、垂直位置、水平速度和垂直速度。估计误差 e 定义为：$e=(\boldsymbol{x}_t-\boldsymbol{x}_c)^2$，其中 $\boldsymbol{x}_t$ 和 $\boldsymbol{x}_c$ 分别表示真实值和中心梯度值。

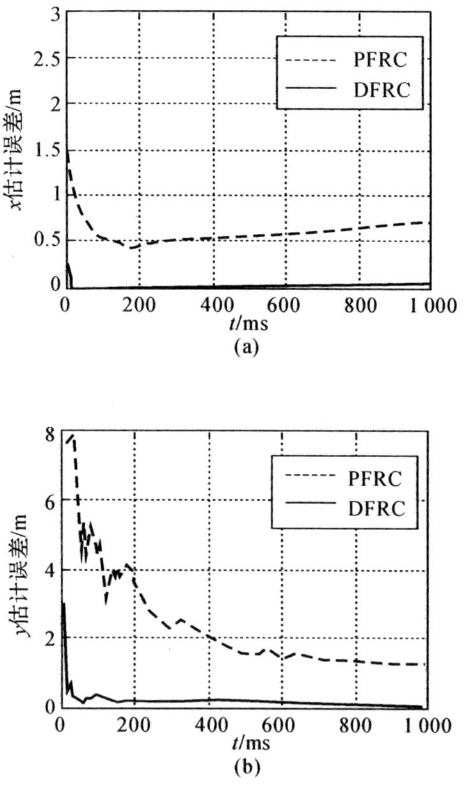

图 3.8　基于 100 次 Monte-Carlo 的状态估计误差

(a)x 估计误差；(b)y 估计误差

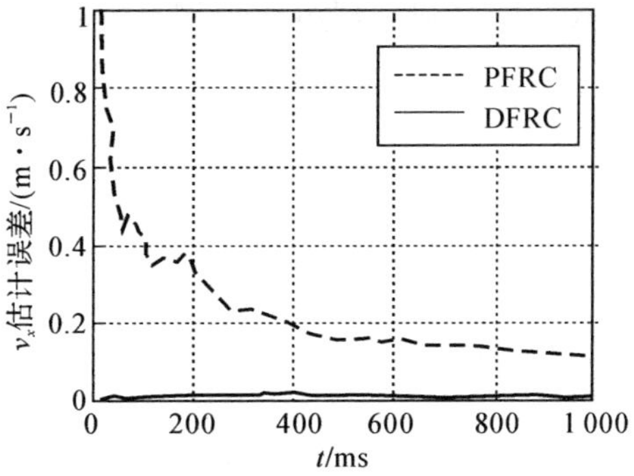

(c)

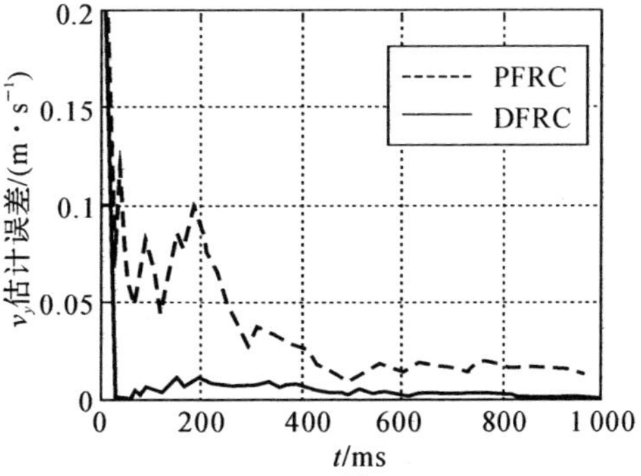

(d)

续图 3.8　基于 100 次 Monte-Carlo 的状态估计误差

(c)v_x 估计误差；（d)v_y 估计误差

虚线代表 PFRC，实线代表 FPFRC

通过图 3.7 可以看到，真实值在估计的梯形分布区域内，因此，根据标准 1，FPFRC 算法可以估计目标状态。通过图 3.8 可以看到，FPFRC 的估计误差比 PFRC 要小，因此根据标准 2，FPFRC 算法比基于高斯的 PFRC 具有更好的估计精度。综上所述，本章提出的 FPFRC 算法能够很好地解决模糊不确定性情况下的无源定位问题。

3.9 小结

本章介绍了现有单站无源定位的概况，指出现有各定位方法的优、缺点。通过分析可知，相位差变化率和频率变化率中包含目标和观测平台的径向距离的信息，因此，基于运动学原理，利用相位差、相位差变化率和频率变化率信息，本章提出了一种新的单站无源定位方法，并讨论了该定位方法的可观测性和误差问题。本章主要有以下创新点：

(1) 基于运动学原理，利用相位差、相位差变化率和频率变化率观测信息，分别在二维平面目标和三维空间目标推导了一种新的单站无源定位方法。

(2) 本章分析了该定位方法的可观测性，给出了可观测性的判据。进一步，采用可观测性的定义来讨论匀速目标的可观测性，证明了当观测平台和目标辐射源相对作匀速运动时，$v_t \neq 0$ 是该定位方法两次观测周期内可观测的充要条件。

(3) 由于三维平面上的定位情况只是二维平面上的扩展，为了方便起见，本章只给出了二维平面情况下，该无源定位方法的误差分析；并给出相位差、相位差变化率和频率变化率的最优估计。

(4) 基于相位差、相位差变化率和频率变化率的定位体制，分别提出了基于概率框架下的 PFRC 算法和模糊框架下的 FPFRC 算法，并通过仿真验证了算法的有效性。

本章对非线性系统方程采用泰勒展开进行线性化，忽略一阶项，因此不可避免地产生截断误差。如何减少截断误差，提高定位精度，将在下一章进行详细的讨论。

附　　录

附录 3.1　ΔO_bBA 是直角三角形

因为 O_bA 是 l_2 在平面 XOY 的投影，所以，平面 O_bAB 内必有一条直线垂直平面 XOY。

又因为

$$O_aA \subset XOY \text{ 且 } O_bA \perp O_aA$$

所以

$$O_aA \perp \text{平面 } O_bAB$$

因为

$$O_bB \subset O_bAB$$

所以

$$O_aA \perp O_bB$$

因为

$$O_aB \perp O_bB$$

所以

$$O_bB \perp \text{平面 } O_aAB$$

又因为

$$AB \subset O_aAB$$

所以

$$O_bB \perp AB$$

故

$$\Delta O_bAB \text{ 是直角三角形}$$

附录 3.2

为证明命题 3.1，首先给出下面引理。

引理 3.1 对于匀速运动的目标辐射源和观测平台，如果 $v_t(k)=0$，那么 $v_t(k+1)=0$，$\dot{\varphi}(k)=\dot{\varphi}(k+1)=0$，$\dot{f}(k)=\dot{f}(k+1)=0$。

证明

如果

$$v_t(k)=\frac{-\dot{x}(k)y(k)+\dot{y}(k)x(k)}{[x^2(k)+y^2(k)]^{1/2}}=0$$

那么

$$-\dot{x}(k)y(k)+\dot{y}(k)x(k)=0$$

故得

$$\dot{\varphi}(k)=-k_0 f_0 y(k)\frac{-\dot{x}(k)y(k)+\dot{y}(k)x(k)}{[x^2(k)+y^2(k)]^{3/2}}=0$$

$$\dot{f}(k)=\frac{[-\dot{x}(k)y(k)+\dot{y}(k)x(k)]^2}{\lambda[x^2(n)+y^2(n)]^{3/2}}=0$$

又因为

$$v_t(k+1)=\frac{-\dot{x}(k)y(k+1)+\dot{y}(k)x(k+1)}{r(k+1)}=$$

$$\frac{-\dot{x}(k)[y(k)+\dot{y}(k)T_s]}{r(k+1)}+\frac{\dot{y}(k)[x(k)+\dot{x}(k)T_s]}{r(k+1)}=$$

$$\frac{-\dot{x}(k)y(k)+\dot{y}(k)x(k)}{r(k)}=0$$

所以

$$\dot{\varphi}(k+1)=0$$

$$\dot{f}(k+1)=0$$

证毕。

首先证明命题 3.1 的充分性。

如果

$$v_t(k)\neq 0,\quad v_t(k+1)\neq 0$$

那么

$$\dot{\varphi}(k)\neq 0,\quad \dot{\varphi}(k+1)\neq 0$$

通过公式

$$r(k)=-\lambda\frac{\dot{f}(k)}{\dot{\varphi}^2(k)}(k_0 f_T-\varphi^2(k))$$

可得径向距离 $r(k)$ 和 $r(k+1)$，进而利用公式(3.14) 得到目标的位置 $[x_T(k), y_T(k)]$ 和 $[x_T(k+1), y_T(k+1)]$。因为目标辐射源是匀速运动的，所以它的速度为

$$\dot{x}_{\mathrm{T}}(k)=\frac{x_{\mathrm{T}}(k+1)-x_{\mathrm{T}}(k)}{T_s}$$

$$\dot{y}_{\mathrm{T}}(k)=\frac{y_{\mathrm{T}}(k+1)-y_{\mathrm{T}}(k)}{T_s}$$

所以，$v_t(k)\neq 0$ 是可观测的充分条件。

必要性证明。

如果证明必要性的逆反命题成立，必要性也成立，即证明：如果 $v_t(k)=0$，那么在两次观测周期内，系统是不可观测的。

如果

$$v_t(k)=0$$

由引理 3.1 可知

$$\dot{\varphi}(k)=\dot{\varphi}(k+1)=0,\ \dot{f}(k)=\dot{f}(k+1)=0$$

因此，在两次观测周期内，由 $\varphi(k)$，$\dot{\varphi}(k)$，$\varphi(k+1)$，$\dot{\varphi}(k+1)$，$\dot{f}(k)$ 和 $\dot{f}(k+1)$ 关于 $x(k)$，$y(k)$，$\dot{x}(k)$ 和 $\dot{y}(k)$ 的 6 个方程组退化为

$$v_t(k)=\frac{-\dot{x}(k)y(k)+\dot{y}(k)x(k)}{[x^2(k)+y^2(k)]^{1/2}}=0$$

$$\varphi(k)=k_0 f_0\frac{x(k)}{\sqrt{x^2(k)+y^2(k)}}$$

$$\varphi(n+1)=k_0 f_0\frac{x(n)+\dot{x}(n)T_s}{\sqrt{[x(n)+\dot{x}(n)T_s]^2+[y(n)+\dot{y}(n)T_s]^2}}$$

由上面 3 个方程组无法得到 $x(k)$，$y(k)$，$\dot{x}(k)$ 和 $\dot{y}(k)$ 唯一解，即此时的系统是不可观测的，即命题的必要性成立。

第4章　高非线性系统的模糊单站无源定位方法

上述介绍了模糊条件下的单站无源定位框架，并在此框架下，基于相位差、相位差变化率和频率变化率信息提出了一种具体的模糊单站无源定位方法。然而对非线性系统，上述方法采用一阶泰勒展开对非线性系统线性化，忽略了高阶项，因此不可避免地产生了截断误差[132]。因此，该算法是有偏和非一致的。虽然迭代扩展 Kalman 滤波(IEKF)可以解决这个问题[133]，但是 IEKF 不能解决模糊条件下的滤波问题。为了减少误差，提高定位精度，本章在 FEKF 和 IEKF[134-135] 的基础上，提出一种迭代模糊扩展 Kalman 滤波方法，该方法不仅能够处理模糊情况，而且减少了线性化误差。

本章首先分析模糊扩展 Kalman 发散的原因；然后，根据最大后验概率准则，推导模糊条件下的迭代扩展 Kalman 滤波方法，并证明该迭代是高斯牛顿法的一种应用，进一步提出一种新的模糊单站无源定位方法来减少截断误差；最后通过仿真验证了算法的有效性。

4.1　模糊扩展 Kalman 的线性化误差分析

假设模糊系统的状态方程和测量方程为

$$\left.\begin{aligned} \boldsymbol{x}(k+1) &= \boldsymbol{f}(\boldsymbol{x}(k),\boldsymbol{u}(k),k) + \boldsymbol{w}(k+1) \\ \boldsymbol{z}(k+1) &= \boldsymbol{h}(\boldsymbol{x}(k+1),k+1) + \boldsymbol{v}(k+1) \end{aligned}\right\} \tag{4.1}$$

其中，$\boldsymbol{x}(k+1)$ 和 $\boldsymbol{z}(k+1)$ 分表表示状态向量和观测向量；$\boldsymbol{f}$ 和 $\boldsymbol{h}$ 分别是非线性状态函数和非线性测量函数；$\boldsymbol{u}(k)$ 是输入向量；$\boldsymbol{w}(k+1)$ 和 $\boldsymbol{v}(k+1)$ 分别是过程噪声和测量噪声。

为了解决非线性问题，模糊扩展 Kalman 滤波方法采用一阶泰勒展开对非线性系统线性化。其线性化方程为

$$\begin{aligned} \boldsymbol{x}_l(k+1) \approx \boldsymbol{f}(\hat{\boldsymbol{x}}_l(k),\boldsymbol{u}(k),k) + \boldsymbol{F}(k)(\boldsymbol{x}_l(k) - \hat{\boldsymbol{x}}_l(k)) + \boldsymbol{w}_l(k+1) = \\ \boldsymbol{F}(k)\boldsymbol{x}_l(k) + \boldsymbol{\alpha}(k) + \boldsymbol{w}_l(k+1) \end{aligned} \tag{4.2}$$

$$\begin{aligned} \boldsymbol{z}_l(k+1) \approx \boldsymbol{h}(\hat{\boldsymbol{x}}_l(k+1 \mid k),k+1) + \boldsymbol{H}(k+1)(\boldsymbol{x}_l(k+1) - \\ \hat{\boldsymbol{x}}_l(k+1 \mid k)) + \boldsymbol{v}_l(k+1) = \\ \boldsymbol{H}(k+1)\boldsymbol{x}_l(k+1) + \boldsymbol{\varepsilon}(k+1) + \boldsymbol{v}_l(k+1) \end{aligned} \tag{4.3}$$

其中

$$l = 1,\cdots,4$$

$$\boldsymbol{F}(k) = \left.\frac{\partial \boldsymbol{f}(\boldsymbol{x}(k),\boldsymbol{u}(k),k)}{\partial \boldsymbol{x}}\right|_{\boldsymbol{x}(k)=C\{\hat{\boldsymbol{x}}(k)\}}$$

$$\boldsymbol{H}(k+1) = \left.\frac{\partial \boldsymbol{h}(\boldsymbol{x}(k+1),k+1)}{\partial \boldsymbol{x}}\right|_{\boldsymbol{x}(k+1)=C\{\hat{\boldsymbol{x}}(k+1|k)\}}$$

$$\boldsymbol{f}(\hat{\boldsymbol{x}}_l(k),\boldsymbol{u}(k),k) - \boldsymbol{F}(k)\hat{\boldsymbol{x}}_l(k) = \boldsymbol{p}(k)$$

$$\boldsymbol{h}(\hat{\boldsymbol{x}}_l(k+1 \mid k),k+1) - \boldsymbol{H}(k+1)\hat{\boldsymbol{x}}_l(k+1 \mid k) = \boldsymbol{q}(k+1)$$

将式(4.2) 和式(4.3) 带入 Kalman 滤波公式得

$$\hat{\boldsymbol{x}}_l(k+1) = \hat{\boldsymbol{x}}_l(k+1 \mid k) + \boldsymbol{K}(k+1)[\boldsymbol{z}_l(k+1) - \boldsymbol{q}(k+1) -$$

$$\boldsymbol{H}(k+1)\hat{\boldsymbol{x}}_l(k+1\mid k)]=$$
$$\hat{\boldsymbol{x}}_l(k+1\mid k)+\boldsymbol{K}(k+1)[\boldsymbol{z}_l(k+1)-$$
$$\boldsymbol{h}(\hat{\boldsymbol{x}}_l(k+1\mid k),k+1)] \tag{4.4}$$

$$\hat{\boldsymbol{x}}_l(k+1\mid k)=\boldsymbol{F}(k+1)\hat{\boldsymbol{x}}_l(k)+\boldsymbol{p}(k)=\boldsymbol{f}(\hat{\boldsymbol{x}}_l(k),\boldsymbol{u}(k),k) \tag{4.5}$$

式(4.4)和式(4.5)即为模糊扩展 Kalman(FEKF)[76]的估计值和一步预测值的公式。

从上述推导可以看出，与 EKF[135-136]滤波一样，FEKF 采用一阶泰勒展开进行线性化，忽略了高阶项，因此不可避免地产生了截断误差。

4.2　迭代扩展 Kalman 滤波

由于预测值存在一定的误差，而这种误差经过非线性观测函数放大后，会降低滤波器性能甚至引起滤波器发散，导致算法不稳定。而迭代扩展 Kalman 滤波方法(IEKF)[133-134,137-144]通过对各个时刻的估计值进行反复迭代，进而减少截断误差。

IEKF 的原理：在 EKF 过程中，对已获得的 k 时刻的估计值 $\hat{\boldsymbol{x}}(k)$ 和估计方差 $\boldsymbol{P}(k)$ 当成迭代初始值，代替原 EKF 公式中的 $\hat{\boldsymbol{x}}(k+1|k)$ 和预测协方差值 $\boldsymbol{P}(k+1\mid k)$ 再进行 EKF 处理，通过反复迭代进而减少截断误差值。k 时刻的 IEKF 滤波的公式为

$$\hat{\boldsymbol{x}}_l^0=\hat{\boldsymbol{x}}_l(k+1\mid k)$$

$$\boldsymbol{P}^0=\boldsymbol{P}(k+1|k)$$

$$\hat{\boldsymbol{x}}_l^{i+1}(k+1)=\hat{\boldsymbol{x}}_l(k+1\mid k)+\boldsymbol{K}^i(k+1)\boldsymbol{\gamma}_l^i(k+1)$$

$$\boldsymbol{P}^{i+1}(k+1)=[\boldsymbol{I}-\boldsymbol{K}^i(k+1)\boldsymbol{H}^i(k+1)]\boldsymbol{P}(k+1|k)$$

其中，i 表示迭代步骤

$$\boldsymbol{H}^i(k+1)=\left.\frac{\partial \boldsymbol{h}(\boldsymbol{x}(k+1),k+1)}{\partial \boldsymbol{x}}\right|_{\boldsymbol{x}=\hat{\boldsymbol{x}}^i(k+1)}$$

$$\boldsymbol{K}^i(k+1)=\boldsymbol{P}(k+1|k)(\boldsymbol{H}^i(k+1))^{\mathrm{T}}(\boldsymbol{H}^i(k+1)\boldsymbol{P}(k+1|k)\cdot (\boldsymbol{H}^i(k+1))^{\mathrm{T}}+\boldsymbol{R}(k+1))^{-1}$$

$$\boldsymbol{\gamma}_l^i(k+1)=\boldsymbol{z}_l(k+1)-\boldsymbol{h}(k+1,\hat{\boldsymbol{x}}_l^i(k+1))- \boldsymbol{H}^i(k+1)(\hat{\boldsymbol{x}}_l(k+1\mid k)-\hat{\boldsymbol{x}}_l^i(k+1))$$

4.3 高非线性系统的模糊单站无源定位方法

迭代扩展 Kalman 滤波虽然能够很好地减少截断误差，提高滤波器性能，但其无法解决系统的模糊性。基于 FEKF 和 IEKF，本章提出一种新的迭代模糊扩展 Kalman 方法(IFEKF)，该方法既能估计模糊条件下的状态，又能较好地减少截断误差。

4.3.1 最大后验估计下的 IFEKF

为了减少截断误差，本节建立了一种新的最大后验估计器[145-146,149]。

假设测量方程为

$$\boldsymbol{z}(k)=\boldsymbol{h}(\boldsymbol{x}(k))+\boldsymbol{v}(k) \tag{4.6}$$

其中,噪声 $\boldsymbol{v}(k)$ 服从如下的模糊梯形分布:

$$\begin{cases} E\{\boldsymbol{v}(k)\} \sim \Pi(\boldsymbol{v}_1(k), \boldsymbol{v}_2(k), \boldsymbol{v}_3(k), \boldsymbol{v}_4(k)) \\ C(\boldsymbol{v}(k)) = 0 \\ U\{\boldsymbol{v}(k)\} = \boldsymbol{R}(k) \end{cases}$$

由于模糊的遗传性,$\boldsymbol{z}(k)$ 也服从模糊梯形分布,则

$$\begin{cases} E\{\boldsymbol{z}(k)\} \sim \Pi(z_1(k), z_2(k), z_3(k), z_4(k)) \\ C(\boldsymbol{z}(k)) = \boldsymbol{H}(k)\boldsymbol{x}(k) + \boldsymbol{\mu}(k) \\ U\{\boldsymbol{z}(k)\} = \boldsymbol{R}(k) \end{cases}$$

经过 k 次测量,状态 $\boldsymbol{x}$ 能够从累积观测 $\boldsymbol{Z}^k = \boldsymbol{h}^k + \boldsymbol{v}^k$ 中得到,其中

$$\boldsymbol{Z}^k = \begin{bmatrix} z(1) \\ \vdots \\ z(k) \end{bmatrix}, \quad \boldsymbol{h}^k = \begin{bmatrix} h(1) \\ \vdots \\ h(k) \end{bmatrix}, \quad \boldsymbol{v}^k = \begin{bmatrix} v(1) \\ \vdots \\ v(k) \end{bmatrix}$$

假设上述所有变量均服从高斯分布,$\boldsymbol{x}(k+1)$ 的条件概率密度函数为

$$p[\boldsymbol{x}(k+1) \mid \boldsymbol{Z}^{k+1}] = p[\boldsymbol{x}(k+1) \mid z(k+1), \boldsymbol{Z}^k] =$$

$$\frac{p[\boldsymbol{x}(k+1)z(k+1) \mid \boldsymbol{Z}^k]}{p[z(k+1) \mid \boldsymbol{Z}^k]} =$$

$$\frac{1}{c} p[z(k+1) \mid \boldsymbol{x}(k+1), \boldsymbol{Z}^k] p[\boldsymbol{x}(k+1) \mid \boldsymbol{Z}^k] =$$

$$\frac{1}{c} p[z(k+1) \mid \boldsymbol{x}(k+1)] p[\boldsymbol{x}(k+1) \mid \boldsymbol{Z}^k] =$$

$$\frac{1}{c} N[z(k+1); \boldsymbol{h}[k+1, \boldsymbol{x}(k+1)], \boldsymbol{R}(k+1)] \cdot$$

$$N[\boldsymbol{x}(k+1);\boldsymbol{h}[k+1,\boldsymbol{x}(k+1)],\boldsymbol{P}(k+1\mid k)] \tag{4.7}$$

其中，$c=p[z(k+1)\mid \boldsymbol{Z}^k]$；$N[x;\mu,\rho]$ 表示变量 x 服从均值为 μ，方差为 ρ 的高斯分布。

最大化公式(4.7)就是最小化下式，有

$$\begin{aligned}\boldsymbol{J}[\boldsymbol{x}(k+1)]=&\frac{1}{2}\{\boldsymbol{z}(k+1)-\boldsymbol{h}[\boldsymbol{x}(k+1),k+1]\}^{\mathrm{T}}\boldsymbol{R}^{-1}(k+1)\cdot\\&\{z(k+1)-\boldsymbol{h}[\boldsymbol{x}(k+1),k+1]\}+\\&\frac{1}{2}[\boldsymbol{x}(k+1)-\hat{\boldsymbol{x}}(k+1\mid k)]^{\mathrm{T}}\boldsymbol{P}^{-1}(k+1\mid k)\cdot\\&[\boldsymbol{x}(k+1)-\hat{\boldsymbol{x}}(k+1\mid k)]\end{aligned} \tag{4.8}$$

根据 Newton-Raphson 算法，公式(4.8)的最小值可由 $\boldsymbol{x}(k+1)$ 的最大后验概率获得。即在 $\hat{\boldsymbol{x}}(k+1)$ 的第 i 个迭代值 $\boldsymbol{x}^i$ 上，对 $\boldsymbol{J}$ 进行二阶泰勒展开，有

$$\boldsymbol{J}=\boldsymbol{J}^i+(\boldsymbol{J}_x^i)^{\mathrm{T}}(\boldsymbol{x}-\boldsymbol{x}^i)+\frac{1}{2}(\boldsymbol{x}-\boldsymbol{x}^i)^{\mathrm{T}}\boldsymbol{J}_{xx}^i(\boldsymbol{x}-\boldsymbol{x}^i) \tag{4.9}$$

其中，$\boldsymbol{J}^i=\boldsymbol{J}\mid_{x=x^i}$，$\boldsymbol{J}_x^i$ 和 $\boldsymbol{J}_{xx}^i$ 分别为 $\boldsymbol{J}$ 的 Gradient 和 Hessian 阵，分别表示为

$$\begin{aligned}\boldsymbol{J}_x^i=&-(\boldsymbol{h}_x^i)^{\mathrm{T}}\boldsymbol{R}^{-1}(k+1)\{\boldsymbol{z}(k+1)-\boldsymbol{h}^i\}+\\&\boldsymbol{P}^{-1}(k+1\mid k)[\hat{\boldsymbol{x}}^i(k+1)-\hat{\boldsymbol{x}}(k+1\mid k)]\end{aligned} \tag{4.10}$$

$$\begin{aligned}\boldsymbol{J}_{xx}^i=&(\boldsymbol{h}_x^i)^{\mathrm{T}}\boldsymbol{R}^{-1}(k+1)\boldsymbol{h}_x^i+\boldsymbol{P}^{-1}(k+1\mid k)=\\&\boldsymbol{H}^i(k+1)^{\mathrm{T}}\boldsymbol{R}(k+1)^{-1}\boldsymbol{H}^i(k+1)+\boldsymbol{P}^{-1}(k+1\mid k)\end{aligned} \tag{4.11}$$

其中，$\boldsymbol{J}_x^i$ 仅保留 $\boldsymbol{h}$ 的一阶偏导[149]，且

$$\boldsymbol{h}_x^i = \frac{\partial h^i[\hat{\boldsymbol{x}}^i(k+1), k+1]}{\partial \boldsymbol{x}} \tag{4.12}$$

$$\boldsymbol{H}^i(k+1) = \boldsymbol{h}_x^i[\hat{\boldsymbol{x}}^i(k+1), k+1] \tag{4.13}$$

对公式(4.9)在 $\boldsymbol{x}$ 上求偏导，并令其为零，可得下一次迭代值为

$$\boldsymbol{x}^{i+1} = \boldsymbol{x}^i - (\boldsymbol{J}_{xx}^i)^{-1}\boldsymbol{J}_x^i \tag{4.14}$$

对矩阵 $\boldsymbol{J}_{xx}^i$ 求逆，可得

$$\begin{aligned}(\boldsymbol{J}_{xx}^i)^{-1} = {} & [\boldsymbol{H}^i(k+1)^{\mathrm{T}}\boldsymbol{R}^{-1}(k+1)\boldsymbol{H}^i(k+1) + \boldsymbol{P}(k+1 \mid k)^{-1}]^{-1} = \\ & \boldsymbol{P}(k+1 \mid k) - \boldsymbol{P}(k+1 \mid k)[\boldsymbol{H}^i(k+1)]^{\mathrm{T}}[\boldsymbol{S}^i(k+1)]^{-1} \cdot \\ & \boldsymbol{H}^i(k+1)\boldsymbol{P}(k+1 \mid k) = \boldsymbol{P}^i(k+1)\end{aligned} \tag{4.15}$$

其中

$$\boldsymbol{S}^i(k+1) = \boldsymbol{H}^i(k+1)\boldsymbol{P}(k+1 \mid k)(\boldsymbol{H}^i(k+1))^{\mathrm{T}} + \boldsymbol{R}(k+1)$$

将式(4.10)和式(4.15)带入式(4.14)，迭代值可表示为

$$\begin{aligned}\hat{\boldsymbol{x}}^{i+1}(k+1) = {} & \hat{\boldsymbol{x}}^i(k+1) + \boldsymbol{P}^i(k+1)[\boldsymbol{H}^i(k+1)]^{\mathrm{T}}\boldsymbol{R}^{-1}(k+1) \cdot \\ & \{\boldsymbol{z}(k+1) - \boldsymbol{h}[\hat{\boldsymbol{x}}^i(k+1), k+1]\} - \\ & \boldsymbol{P}^i(k+1)\boldsymbol{P}^{-1}(k+1 \mid k)[\hat{\boldsymbol{x}}^i(k+1) - \hat{\boldsymbol{x}}(k+1 \mid k)]\end{aligned} \tag{4.16}$$

由于 $\boldsymbol{z}(k+1)$ 是模糊变量，所以由于模糊遗传性[98]，$\hat{\boldsymbol{x}}^{i+1}(k+1)$ 也是模糊变量，服从如下分布：

$$\begin{aligned}E\{\hat{\boldsymbol{x}}^{i+1}(k+1)\} \sim {} & \Pi(\hat{\boldsymbol{x}}_1^{i+1}(k+1), \hat{\boldsymbol{x}}_2^{i+1}(k+1), \hat{\boldsymbol{x}}_3^{i+1}(k+1), \\ & \hat{\boldsymbol{x}}_4^{i+1}(k+1))\end{aligned}$$

$$
\begin{aligned}
\hat{\boldsymbol{x}}_l^{i+1}(k+1) = & \hat{\boldsymbol{x}}_l^i(k+1) + \boldsymbol{P}^i(k+1) \mid [\boldsymbol{H}^i(k+1)]^{\mathrm{T}} \boldsymbol{R}^{-1}(k+1) \cdot \\
& \{\boldsymbol{z}_l(k+1) - \boldsymbol{h}[\hat{\boldsymbol{x}}_l^i(k+1), k+1]\} - \\
& \boldsymbol{P}^i(k+1)\boldsymbol{P}^{-1}(k+1 \mid k)[\hat{\boldsymbol{x}}_l^i(k+1) - \hat{\boldsymbol{x}}_l(k+1 \mid k)] = \\
& \hat{\boldsymbol{x}}_l^i(k+1) + \boldsymbol{K}^k(k+1) \cdot \{\boldsymbol{z}_l(k+1) - \boldsymbol{h}[\hat{\boldsymbol{x}}_l^i(k+1), k+1]\} = \\
& -[\boldsymbol{I} - \boldsymbol{K}^i(k+1)\boldsymbol{H}^i(k+1)]\boldsymbol{P}(k+1 \mid k) \cdot \\
& \boldsymbol{P}^{-1}(k+1 \mid k)[\hat{\boldsymbol{x}}_l^i(k+1) - \hat{\boldsymbol{x}}_l(k+1 \mid k)] = \\
& \hat{\boldsymbol{x}}_l(k+1 \mid k) + \boldsymbol{K}^i(k+1)\boldsymbol{\gamma}_l^i(k+1)
\end{aligned}
$$

其中

$$
\begin{aligned}
\boldsymbol{\gamma}_l^i(k+1) = & \boldsymbol{z}_l(k+1) - \boldsymbol{h}(\hat{\boldsymbol{x}}_l^i(k+1), k+1) - \\
& \boldsymbol{H}^i(k+1)(\hat{\boldsymbol{x}}_l(k+1 \mid k) - \hat{\boldsymbol{x}}_l^i(k+1))
\end{aligned}
$$

$$
\boldsymbol{K}^i(k+1) = \boldsymbol{P}(k+1 \mid k)(\boldsymbol{H}^i(k+1))^{\mathrm{T}}(\boldsymbol{S}^i(k+1))^{-1}
$$

$$
\boldsymbol{S}^i(k+1) = \boldsymbol{H}^i(k+1)\boldsymbol{P}(k+1 \mid k)(\boldsymbol{H}^i(k+1))^{\mathrm{T}} + \boldsymbol{R}(k+1)
$$

通过公式(4.15),可以得到$\hat{x}^{i+1}(k+1)$的协方差$\boldsymbol{P}^i(k+1)$为

$$
\begin{aligned}
\boldsymbol{P}^i(k+1) = & \boldsymbol{P}(k+1 \mid k) - \boldsymbol{P}(k+1 \mid k)(\boldsymbol{H}^i(k+1))^{\mathrm{T}} \cdot \\
& (\boldsymbol{S}^i)^{-1}\boldsymbol{H}^i(k+1)\boldsymbol{P}(k+1 \mid k) = \\
& [\boldsymbol{I} - \boldsymbol{K}^i(k+1)\boldsymbol{H}^i(k+1)]\boldsymbol{P}(k+1 \mid k)
\end{aligned} \tag{4.17}
$$

由上推导可以看出,通过引入迭代去重新线性化测量方程,从而获得最大后验估计。

4.3.2 迭代模糊扩展 Kalman 滤波

与式(2.35)相同,模糊非线性系统表示如下,即

$$
\begin{cases}
\boldsymbol{x}(k+1) = \boldsymbol{f}(\boldsymbol{x}(k), \boldsymbol{u}(k), k) + \boldsymbol{w}(k+1) \\
\boldsymbol{z}(k+1) = \boldsymbol{h}(\boldsymbol{x}(k+1), k+1) + \boldsymbol{v}(k+1)
\end{cases}
$$

其中，$k \geqslant 0$ 是离散时间变量；$\boldsymbol{x}(k) \in \mathbf{R}^n$ 为状态向量；$\boldsymbol{u}(k) \in \mathbf{R}^p$ 是输入向量；$\boldsymbol{z}(k+1) \in \mathbf{R}^m$ 为观测向量，$\boldsymbol{f}: \mathbf{R}^p \times \mathbf{R}^n \to \mathbf{R}^n$，$h: \mathbf{R}^n \to \mathbf{R}^m$ 分别是非线性状态函数和非线性测量函数，且具有关于状态的一阶连续偏导数；$\boldsymbol{w}(k+1)$ 和 $\boldsymbol{v}(k+1)$ 分别是过程噪声和测量噪声。

进一步，令 $\hat{\boldsymbol{x}}(k+1|k)$ 和 $\hat{\boldsymbol{x}}(k+1)$ 分别为状态 $\boldsymbol{x}(k)$ 的一步预测值和估计值；$\hat{\boldsymbol{z}}(k+1)$ 为观测向量 $\boldsymbol{z}(k+1)$ 的估计值；$\hat{\boldsymbol{x}}(k+1|k)$ 与 $\boldsymbol{w}(k+1)$ 相互独立，且 $\boldsymbol{w}(k+1)$ 和 $\boldsymbol{v}(k+1)$ 也相互独立；并且每个变量服从如下梯形可能分布，有

$$\begin{cases} E\{\boldsymbol{w}(k+1)\} \sim \Pi(\boldsymbol{w}_1(k+1), \boldsymbol{w}_2(k+1), \boldsymbol{w}_3(k+1), \boldsymbol{w}_4(k+1)) \\ C(\boldsymbol{w}(k+1)) = 0 \\ U\{4(k+1)\} = Q(k+1) \end{cases}$$

$$\begin{cases} E\{\boldsymbol{v}(k+1)\} \sim \Pi(\boldsymbol{v}_1(k+1), \boldsymbol{v}_2(k+1), \boldsymbol{v}_3(k+1), \boldsymbol{v}_4(k+1)) \\ C(\boldsymbol{v}(k+1)) = 0 \\ U\{\boldsymbol{v}(k+1)\} = R(k+1) \end{cases}$$

$$\begin{cases} E\{\hat{\boldsymbol{x}}(k)\} \sim \Pi(\hat{\boldsymbol{x}}_1(k), \hat{\boldsymbol{x}}_2(k), \hat{\boldsymbol{x}}_3(k), \hat{\boldsymbol{x}}_4(k)) \\ U\{\hat{\boldsymbol{x}}(k)\} = P(k) \end{cases}$$

$$\begin{cases} E\{\hat{\boldsymbol{x}}(k+1 \mid k)\} \sim \Pi(\hat{\boldsymbol{x}}_1(k+1 \mid k), \hat{\boldsymbol{x}}_2(k+1 \mid k), \\ \hat{\boldsymbol{x}}_3(k+1 \mid k), \hat{\boldsymbol{x}}_4(k+1 \mid k)) \\ U\{\hat{\boldsymbol{x}}(k+1 \mid k)\} = P(k+1 \mid k) \end{cases}$$

$$\begin{cases} E\{\hat{\boldsymbol{z}}(k+1)\} \sim \Pi(\hat{\boldsymbol{z}}_1(k+1), \hat{\boldsymbol{z}}_2(k+1), \hat{\boldsymbol{z}}_3(k+1), \hat{\boldsymbol{z}}_4(k+1)) \\ U\{\hat{\boldsymbol{z}}(k+1)\} = S(k+1) \end{cases}$$

其中 $\boldsymbol{P}(k)$ 和 $\boldsymbol{P}(k+1\mid k)$ 分别是状态不确定性的估计和一步预测估计，$\boldsymbol{S}(k+1)$，$\boldsymbol{Q}(k+1)$ 和 $\boldsymbol{R}(k+1)$ 分别表示 $\hat{\boldsymbol{z}}(k+1)$，$\boldsymbol{w}(k+1)$ 和 $\boldsymbol{v}(k+1)$ 的分布不确定性。

IFEKF 算法[147]：

(1) 初始化：

$$\hat{\boldsymbol{x}}(0)=E[\boldsymbol{x}(0)]=\boldsymbol{m}_0$$

$$\boldsymbol{P}(0)=E\{[\boldsymbol{x}(0)-\boldsymbol{m}_0][\boldsymbol{x}(0)-\boldsymbol{m}_0]^{\mathrm{T}}\}$$

(2) 一步预测：

$$\boldsymbol{F}(k)=\left.\frac{\partial \boldsymbol{f}(\boldsymbol{x}(k),\boldsymbol{u}(k),k)}{\partial \boldsymbol{x}}\right|_{\boldsymbol{x}(k)=C\{\hat{\boldsymbol{x}}(k)\}} \tag{4.18}$$

$$\hat{\boldsymbol{z}}_l(k+1)=\boldsymbol{h}(\hat{\boldsymbol{x}}_l(k+1\mid k),k+1)+\boldsymbol{v}_l(k+1) \tag{4.19}$$

$$\boldsymbol{P}(k+1\mid k)=\boldsymbol{F}(k)\boldsymbol{P}(k)\boldsymbol{F}^{\mathrm{T}}(k)+\boldsymbol{Q}(k+1) \tag{4.20}$$

其中

$$l=1,\cdots,4$$

(3) 测量配准：

判断新的测量向量，是否满足式：

$$\pi_{\hat{\boldsymbol{z}}}(\boldsymbol{z}(k+1))\geqslant\beta \tag{4.21}$$

其中，β 是置信值，由实际情况决定。

(4) 迭代估计：

$$\hat{\boldsymbol{x}}_l^0=\hat{\boldsymbol{x}}_l(k+1\mid k) \tag{4.22}$$

$$\boldsymbol{P}^0=\boldsymbol{P}(k+1\mid k) \tag{4.23}$$

$$\hat{\boldsymbol{x}}_l^{i+1}(k+1)=\hat{\boldsymbol{x}}_l(k+1\mid k)+\boldsymbol{K}^i(k+1)\boldsymbol{\gamma}_l^i(k+1) \tag{4.24}$$

$$\boldsymbol{P}^{i+1}(k+1)=[\boldsymbol{I}-\boldsymbol{K}^i(k+1)\boldsymbol{H}^i(k+1)]\boldsymbol{P}(k+1|k) \tag{4.25}$$

其中

$$\boldsymbol{K}^i(k+1)=\boldsymbol{P}(k+1|k)(\boldsymbol{H}^i(k+1))^{\mathrm{T}}(\boldsymbol{H}^i(k+1)\boldsymbol{P}(k+1|k)\cdot(\boldsymbol{H}^i(k+1))^{\mathrm{T}}+\boldsymbol{R}(k+1))^{-1}$$

$$\boldsymbol{H}^i(k+1)=\left.\frac{\partial \boldsymbol{h}(\boldsymbol{x}(k+1),k+1)}{\partial x}\right|_{x=\hat{x}^i(k+1)}$$

$$\boldsymbol{\gamma}_l^i(k+1)=\boldsymbol{z}_l(k+1)-\boldsymbol{h}(k+1,\hat{\boldsymbol{x}}_l^i(k+1))-\boldsymbol{H}^i(k+1)(\hat{\boldsymbol{x}}_l(k+1|k)-\hat{\boldsymbol{x}}_l^i(k+1))$$

(5) 状态更新：

$$\hat{\boldsymbol{x}}_l(k+1)=\hat{\boldsymbol{x}}_l^N(k+1) \tag{4.26}$$

$$\boldsymbol{P}(k+1)=\boldsymbol{P}^N(k+1) \tag{4.27}$$

其中，$i=0,1,\cdots,N$ 表示迭代次数，N 由实际情况决定[134]。

总结上述 IFEKF 方法计算过程，得到算法步骤如下：

算法 4.1　IFEKF

步骤 1：当 $k=0$ 时，设置初始值 $\hat{\boldsymbol{x}}(0)$ 和 $\boldsymbol{P}(0)$；

步骤 2：通过式(4.18) ~ 式(4.20)，计算新的预测值；

步骤 3：判断新的观测向量是否满足式(4.21)，若满足则进行步骤 3.1，若不满足则等待新的测量值；

步骤 3.1 通过式(4.22) ~ 式(4.23)，计算新的迭代初始值；

步骤 3.2 通过式(4.24) ~ 式(4.25)，计算迭代估计值；

步骤 3.3 令 $i+1\rightarrow i$，回到步骤 3.2，直到 N 步迭代结束(一

般情况下，$N=3$[134]）。

步骤4：通过式(4.26)～式(4.27)计算新的更新值；

步骤5：令 $k+1\rightarrow k$，回到步骤2。

通过重复计算状态估计值，估计协方差值和增益矩阵，IFEKF减少了线性化误差，提高了估计精度，并且解决了模糊不确定性问题。所以，该算法能够很好地应用于模糊非线性系统。

值得注意的是：当 $N=1$ 时，IFEKF算法与FEKF算法相同；当 $N>1$ 时，与FEKF算法相比，IFEKF算法具有较小的截断误差。与FEKF算法和IKF算法相比，IFEKF算法不仅能够处理模糊不确定性系统，而且具有较高的估计精度。

进一步，给出定理4.1说明IFEKF更新是Gauss-Newton法的应用。

定理4.1 对于模糊最小二乘问题：

$$\text{minimize}\,\boldsymbol{f}(\xi)=\frac{1}{2}\parallel \boldsymbol{q}(\xi)\parallel^{2}$$

IFEKF的迭代，有

$$\hat{\boldsymbol{x}}_l^{i+1}(k+1)=\hat{\boldsymbol{x}}_l(k+1\mid k)+\boldsymbol{K}^i(k+1)\boldsymbol{\gamma}_l^i(k+1)$$

与Gauss-Newton法得到的迭代公式：

$$\hat{\boldsymbol{x}}_l^{i+1}=\hat{\boldsymbol{x}}_l^i-[\boldsymbol{q}'(\hat{\boldsymbol{x}}_l^i)^{\mathrm{T}}\boldsymbol{q}'(\hat{\boldsymbol{x}}_l^i)]^{-1}\boldsymbol{q}'(\hat{\boldsymbol{x}}_l^i)^{\mathrm{T}}\boldsymbol{q}(\hat{\boldsymbol{x}}_l^i)$$

相同，其中，$\boldsymbol{q}$ 表示目标函数，$\boldsymbol{q}'$ 为 $\boldsymbol{q}$ 的导数。

证明详见附录4.1。

4.3.3　迭代模糊单站无源定位方法

上文给出了一种迭代模糊扩展 Kalman 滤波方法，本节将上面的滤波方法应用到基于相位差、相位差变化率和频率变化率的单站无源定位体制中，提出了一种新的模糊单站无源定位方法。当然，也可以将其他定位体制应用到该迭代模糊滤波方法中。

假设模糊单站无源定位系统方程为

$$\left.\begin{aligned}&\boldsymbol{x}(k+1)=\boldsymbol{f}(\boldsymbol{x}(k),\boldsymbol{u}(k),k)+\boldsymbol{w}(k+1)\\&\boldsymbol{z}(k+1)=\boldsymbol{h}(\boldsymbol{x}(k+1),k+1)+\boldsymbol{v}(k+1)=\begin{bmatrix}\varphi(k)\\\dot{\varphi}(k)\\\dot{f}(k)\end{bmatrix}+\boldsymbol{v}(k+1)\end{aligned}\right\}\tag{4.28}$$

其中，$\boldsymbol{f}$ 和 $\boldsymbol{h}$ 分别是模糊单站无源定位系统的状态方程和测量方程；$\boldsymbol{u}(k)$ 是未知加速度；$\boldsymbol{w}(k+1)$ 和 $\boldsymbol{v}(k+1)$ 分别是模糊过程噪声和模糊测量噪声。不同的是，这里的状态方程表示具体的目标辐射源与观测平台的相对运动方程，$\boldsymbol{x}(k)$ 则表示目标辐射源与观测平台的相对状态；观测方程表示无源观测平台的测量信息与状态之间的关系，$\boldsymbol{z}(k+1)$ 则表示观测平台测得的定位信息参数，包括相位差 φ，相位差变化率 $\dot{\varphi}$ 和频率变化率 $\dot{f}$，当然也可以使用其他定位体制，方法相同。

基于上述无源定位系统和 IFEKF 算法，可以得到一种新的模糊单站无源定位算法。

算法 4.2 迭代模糊单站无源定位方法

步骤 1：为了实现无源定位，根据不同的实际情况选定状态方程和测量方程；

步骤 2：当 $k=0$ 时，设置初始值 $\hat{\boldsymbol{x}}(0)$ 和 $\boldsymbol{P}(0)$；

步骤 3：对每一个新的测量向量，用 IFEKF 去估计目标的状态；

步骤 4：令 $k+1 \rightarrow k$，回到步骤 3。

由于在模糊梯形分布下，状态估计是服从 4 点的梯形可能性分布。因此，基于文献[98]，提出了 3 个新标准去衡量算法的有效性。

标准 1. 真实值要在模糊梯形分布区域内；

标准 2. 估计的梯形区域越小，算法越有效；

标准 3. 估计误差越小，算法越有效。

4.4 仿 真

为了进一步展现模糊单站无源定位算法的有效性，本节给出 3 个仿真实验。首先，通过一个算例展示 IFEKF 的计算过程；其次，基于相位差、相位差变化率和频率变化率(PFRC)[106] 观测信息的单站无源系统，在匀速条件下，比较了模糊梯形分布和高斯分布下的单站无源定位算法，同时比较了基于 IFEKF 和 FEKF 的单站无源定位算法；最后，基于角度、角度变化率和频率变化率

(DFRC)[29] 观测信息的单站无源定位系统，在匀加速条件下，比较了 IFEKF 和 FEKF 的单站无源定位算法。基于 IFEKF 和 FEKF 的单站无源定位的状态估计比较，其实就是比较 IFEKF 和 FEKF。为了方便起见，在下面的仿真中，将其简称为 IFEKF 和 FEKF 的比较。

4.4.1　数值仿真

为了验证 IFEKF 算法的有效性，本节展示了一个修正的双观测站定位的例子。通过数学计算，给出了 FEKF 算法和 IFEKF 算法的估计结果，进而展现了 IFEKF 算法的有效性。

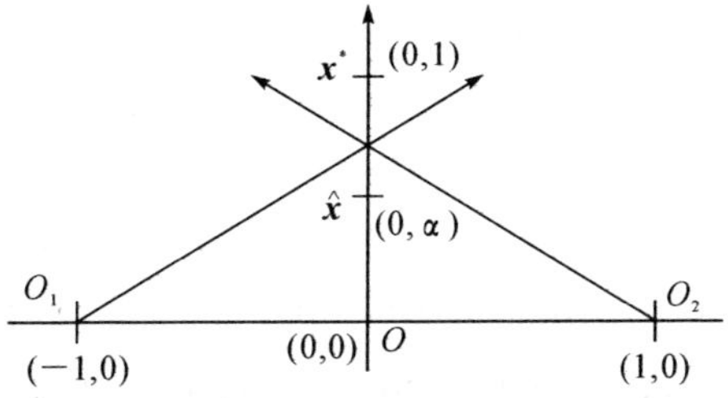

图 4.1　双观测定位系统

如图 4.1 所示，O_1，O_2 分别表示两个观测站，并且坐标分别为 $O_1=(-1,0)$ 和 $O_2=(1,0)$。在 $k+1$ 时刻，假设目标位于 $\boldsymbol{x}^*(k+1)=\begin{bmatrix}0\\1\end{bmatrix}$，当前状态的估计为 $\hat{\boldsymbol{x}}(k+1)=\begin{bmatrix}0\\\alpha\end{bmatrix}$，观测为

$$\boldsymbol{z}^*(k+1)=\begin{bmatrix}1\\1\end{bmatrix}$$

为简单起见，假设观测方程为

$$z(k+1)=h(x(k+1))+v(k+1)=$$

$$\frac{1}{2}\begin{bmatrix}(x(k+1)+1)^2+y^2(k+1)\\(x(k+1)-1)^2+y^2(k+1)\end{bmatrix}+v(k+1) \tag{4.29}$$

其中

$$x(k+1)=\begin{bmatrix}x(k+1)\\y(k+1)\end{bmatrix}$$

h 的微分为

$$H(x(k+1))=h'(x(k+1))=\begin{bmatrix}x(k+1)+1 & y(k+1)\\x(k+1)-1 & y(k+1)\end{bmatrix} \tag{4.30}$$

假设噪声服从模糊梯形分布，由于不确定性的遗传性[98]，当前时刻的目标状态、观测量、目标估计的状态也服从模糊梯形分布，并且分别为

$$x(k+1)=\begin{bmatrix}0&0&0&0\\1&1&1&1\end{bmatrix},\quad z(k+1)=\begin{bmatrix}1&1&1&1\\1&1&1&1\end{bmatrix}$$

$$\hat{x}^0(k+1)=\hat{x}(k+1\mid k)=\begin{bmatrix}0&0&0&0\\\alpha&\alpha&\alpha&\alpha\end{bmatrix}$$

其中

$$\alpha>0(l=1,2,3,4),\quad x^*(k+1)=C\{x(k+1)\}$$

$$\boldsymbol{z}^*(k+1)=C\{\boldsymbol{z}(k+1)\}$$

假设 $\hat{\boldsymbol{x}}(k+1|k)$ 和 $\boldsymbol{z}(k+1)$ 相互独立，且它们的协方差分别为

$$\boldsymbol{P}(k+1\mid k)=\begin{bmatrix}1 & 0\\ 0 & 1\end{bmatrix},\quad \boldsymbol{R}(k+1)=\sigma\begin{bmatrix}1 & 0\\ 0 & 1\end{bmatrix}$$

其中 $\sigma>0$。

利用 IFEKF 的更新公式，有

$$\hat{\boldsymbol{x}}_l^{i+1}(k+1)=\hat{\boldsymbol{x}}_l(k+1\mid k)+\boldsymbol{K}^i(k+1)\boldsymbol{\gamma}_l^i(k+1) \tag{4.31}$$

$$\boldsymbol{P}^{i+1}(k+1)=[\boldsymbol{I}-\boldsymbol{K}^i(k+1)\boldsymbol{H}^i(k+1)]\boldsymbol{P}(k+1|k) \tag{4.32}$$

其中

$$\boldsymbol{K}^i(k+1)=\boldsymbol{P}(k+1|k)(\boldsymbol{H}^i(k+1))^{\mathrm{T}}(\boldsymbol{H}^i(k+1)\boldsymbol{P}(k+1|k)\cdot(\boldsymbol{H}^i(k+1))^{\mathrm{T}}+\boldsymbol{R}(k+1))^{-1}$$

$$\boldsymbol{\gamma}_l^i(k+1)=\boldsymbol{z}_l(k+1)-\boldsymbol{h}(k+1,\hat{\boldsymbol{x}}_l^i(k+1))-\boldsymbol{H}^i(k+1)(\hat{\boldsymbol{x}}_l(k+1\mid k)-\hat{\boldsymbol{x}}_l^i(k+1))$$

上述表达式可以简化为

$$\hat{\boldsymbol{x}}_l^{i+1}(k+1)=\alpha^{i+1}\boldsymbol{x}_l \tag{4.33}$$

$$\boldsymbol{P}^{i+1}(k+1)=\sigma\begin{bmatrix}(2+\sigma)^{-1} & 0\\ 0 & (2(\alpha^i)^2+\sigma)^{-1}\end{bmatrix} \tag{4.34}$$

其中

$$l=1,2,3,4$$

$$\alpha^{i+1}=\frac{1+(\alpha^i)^2}{2(\alpha^i)^2+\sigma}\alpha_l^i+\frac{\sigma}{2(\alpha^i)^2+\sigma}\alpha^0,\quad \alpha^0=\alpha$$

上述关于公式 $\hat{\boldsymbol{x}}_l^{i+1}(k+1)=\alpha^{i+1}\boldsymbol{x}_l$ 的推导详见附录 4.2。

当 σ 趋向于 0 时，可得

$$\alpha^{i+1}=\frac{1}{2\alpha^i}+\frac{\alpha^i}{2},\quad \alpha^0=\alpha \tag{4.35}$$

因为 $\alpha>0$，所以该值收敛于 1。

联立公式(4.33)，可以得到 $\hat{\boldsymbol{x}}_l^{i+1}(k+1)\rightarrow\boldsymbol{x}_l(k+1)=\begin{bmatrix}0\\1\end{bmatrix}$。进一步，根据文献[97]，估计状态的中心梯度值 $C\{\hat{\boldsymbol{x}}^{i+1}(k+1)\}\rightarrow\boldsymbol{x}^*(k+1)=\begin{bmatrix}0\\1\end{bmatrix}$，其中 $\rightarrow$ 表示收敛于。

另一方面，根据前面所述，FEKF 算法是 IFEKF 算法的一步迭代。因此，当 σ 趋向于 0 时，可得

$$\hat{\boldsymbol{x}}_l^1\rightarrow\frac{1+(\alpha)^2}{2\alpha}\hat{\boldsymbol{x}}_l,\quad \boldsymbol{P}(k+1)\rightarrow 0 \tag{4.36}$$

所以，通过式(4.36)可以看出，只要 $\alpha\neq 1$，即使估计误差收敛为 0，FEKF 算法的更新状态估计是有偏的。

综上所述，通过上述算例可知，IFEKF 算法比 FEKF 算法估计精度高。

4.4.2 匀速条件下 PFRC 无源定位仿真比较

在本节仿真中，比较了模糊框架下的 IFEKF 算法和高斯条

件下的 PFRC 算法，进而验证了模糊框架的有效性；进一步，为了验证 IFEKF 的算法的高精度，比较了 IFEKF 算法和 FEKF 算法。

不失一般性，假设观测器位于原点，目标在 $x-y$ 内做匀速运动。

假设系统的状态方程为

$$\boldsymbol{x}(k+1)=\boldsymbol{F}\boldsymbol{x}(k)+\boldsymbol{w}(k+1)$$

其中 $\boldsymbol{x}=[x \quad y \quad v_x \quad v_y]$，$x, y, v_x$ 和 v_y 分别为水平位置、垂直位置、水平速度和垂直速度；$\boldsymbol{F}=\begin{bmatrix}\boldsymbol{I}_2 & \boldsymbol{I}_2 T_s \\ \boldsymbol{O} & \boldsymbol{I}_2\end{bmatrix}$；$T_s$ 是测量周期；$\boldsymbol{w}$ 是系统噪声。

测量向量包括相位差 φ、相位差变化率 $\dot{\varphi}$、频率变化率 $\dot{f}$，所以观测方程为

$$\boldsymbol{z}(k+1)=\begin{bmatrix}\varphi(k+1) \\ \dot{\varphi}(k+1) \\ \dot{f}(k+1)\end{bmatrix}+\boldsymbol{v}(k+1)=\boldsymbol{h}(\boldsymbol{x}(k+1))+\boldsymbol{v}(k+1)$$

其中，$\boldsymbol{v}$ 是观测噪声。进一步定义 f_0，λ 分别为来波的频率和波长；k_0 为相位差系数，并且

$$\varphi(k)=k_0 f_0 \frac{x(k)}{\sqrt{x^2(k)+y^2(k)}}$$

$$\dot{\varphi}(k)=-k_0 f_0 y(k) \frac{-v_x(k)y(k)+v_y(k)x(k)}{[x^2(k)+y^2(k)]^{3/2}}$$

$$\dot{f}(k)=-\frac{[-v_x(k)y(k)+v_y(k)x(k)]^2}{\lambda[x^2(k)+y^2(k)]^{3/2}}$$

其他相关参数设置如下：$\boldsymbol{x}(0)=[200\ \text{m}\quad 549\ \text{m}\quad 300\ \text{m/s}\quad 0\ \text{m/s}]$，$d=1.5\ \text{m}$，$f_0=200\ \text{MHz}$，$T_s=0.001\ \text{s}$，迭代次数 $N=3$，置信值 $\beta=0.1$，估计误差 e 定义为 $e=(\boldsymbol{x}_t-\boldsymbol{x}_c)^2$，其中 $\boldsymbol{x}_t$ 和 $\boldsymbol{x}_c$ 分别表示真实值和中心梯度值。

1. 对比梯形模糊分布和高斯分布

本节比较了模糊框架下的 IFEKF 算法和基于高斯框架下的 EKF 算法。在高斯系统下，噪声 $\boldsymbol{w},\boldsymbol{v}$ 分别服从 $N[1.8\times10^{-5},3.4\times10^{-6}]$，$N[1.1\times10^{-5},2.1\times10^{-7}]$，其中 $N[\mu,\rho]$ 表示均值为 μ，方差为 ρ 的高斯分布。另一方面，在模糊框架下，噪声 $\boldsymbol{w},\boldsymbol{v}$ 服从梯形分布，且分别为

$$\begin{cases}E\{\boldsymbol{v}\}\sim\Pi(-0.001,-0.0005,0.0005,0.001)\\E\{\boldsymbol{w}\}\sim\Pi(-0.004,-0.002,0.002,0.004)\end{cases}$$

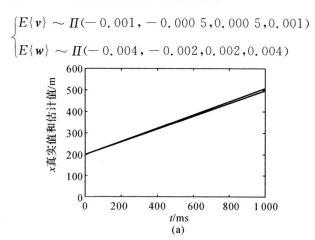

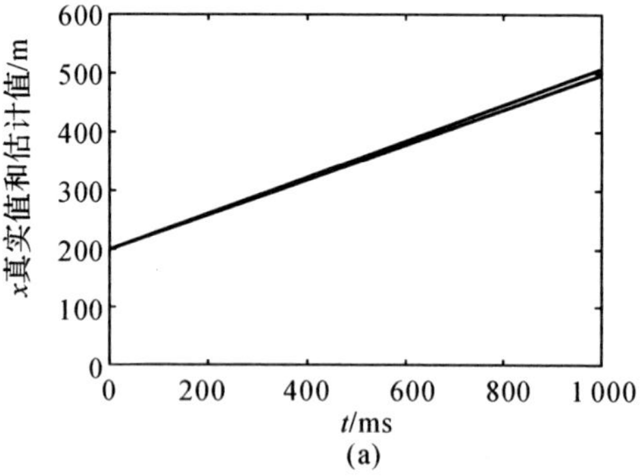

图 4.2　基于 100 次 Monte-Carlo 的状态估计

(a) x 真实值和估计值

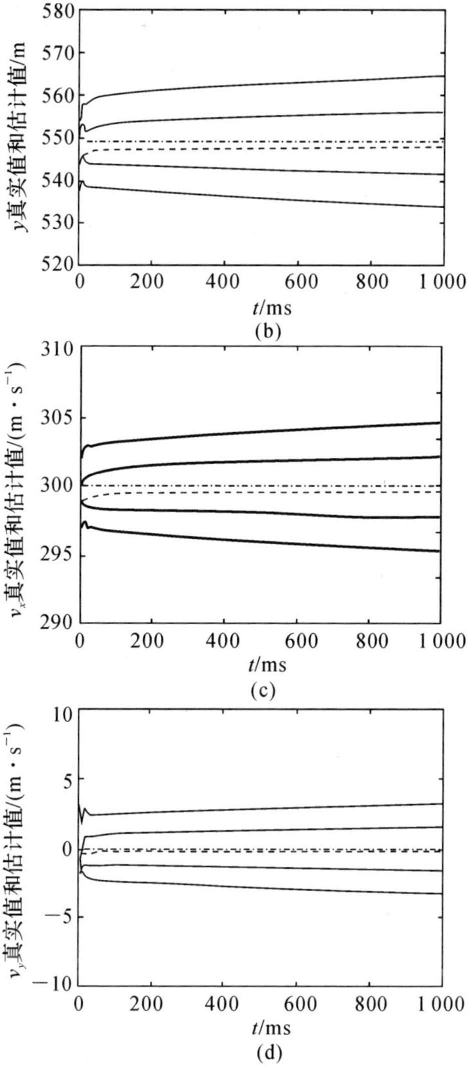

续图 4.2　基于 100 次 Monte-Carlo 的状态估计

(b) y 真实值和估计值；(c) v_x 真实值和估计值；(d) v_y 真实值和估计值

点划线表示真实值，实线代表 IEKF 估计，虚线代表 EKF 估计通过 100 次 Monte-Carlo 实验，得到如图 4.2、图 4.3 所示的仿真结果，其中，图 4.2 表示状态估计曲线，图 4.3 表示状态估计误差曲线。在图 4.2 中，点划线表示真实值，实线表示 IFEKF 状态估计值，虚线表示 EKF 状态估计值；在图 4.3 中，虚线表示 EKF 估计误差值，实线表示 IFEKF 估计误差值；在图 4.2(a)～(d)和图 4.3(a)～(d)中，x，y，v_x 和 v_y 分别表示目标的水平位置、垂直位置、水平速度和垂直速度。

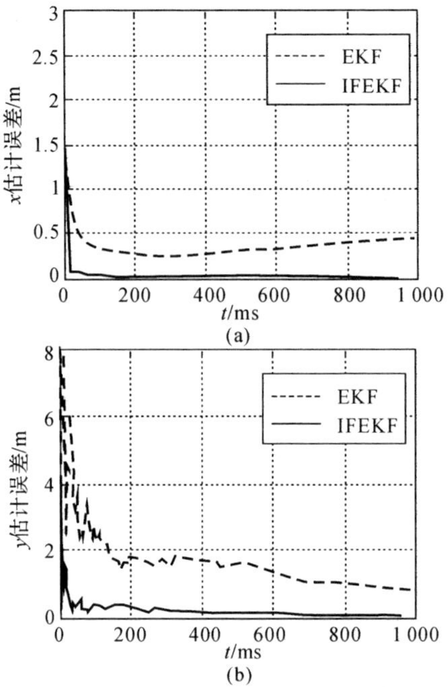

图 4.3　基于 100 次 Monte-Carlo 的状态估计误差

(a) v_x 估计误差；　(b) v_y 估计误差

虚线代表 EKF，实线代表 IFEKF

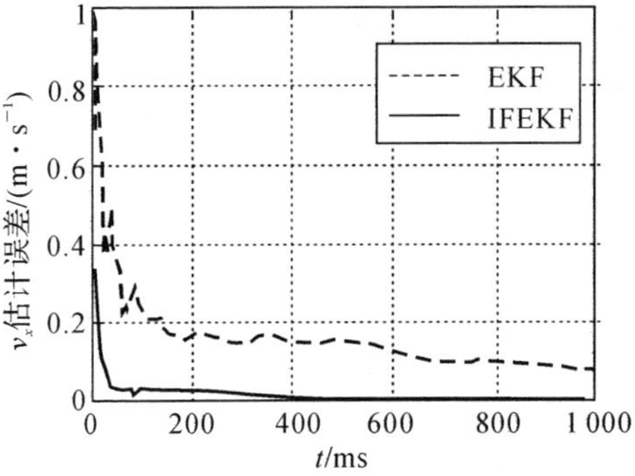

(c)

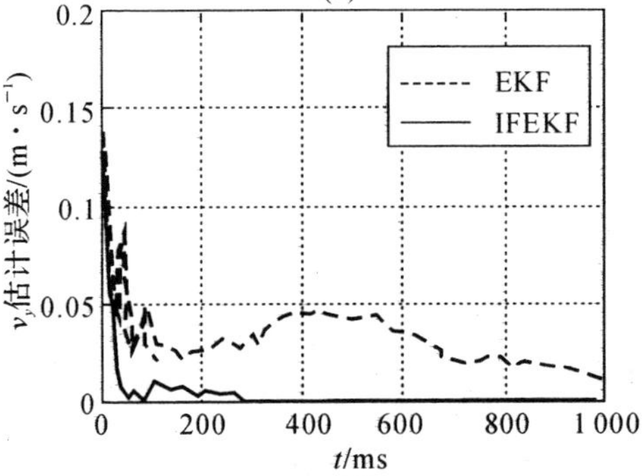

(d)

续图 4.3　基于 100 次 Monte-Carlo 的状态估计误差

(c) v_x 估计误差；(d) v_y 估计误差

虚线代表 EKF，实线代表 IFEKF

通过图 4.2 可以看出，真实值在估计的梯形分布区域内，因此，根据标准 1，IFEKF 算法可以估计模糊条件下的目标状态。通过图 4.3，可以看到 IFEKF 的估计误差比 EKF 要小，所以根据标准 3，与基于高斯的 EKF 算法相比，IFEKF 算法具有更好的估计精度。综上所述，提出的 IFEKF 算法能够很好地解决模糊不确定性情况下的无源定位问题。

2. 模糊条件下 IFEKF 和 FEKF 对比

为了进一步验证算法的优越性，在同一模糊框架下，比较 IFEKF 算法和 FEKF 算法的估计效果。

假设模糊系统噪声 $\boldsymbol{w},\boldsymbol{v}$ 服从梯形分布：

$$\begin{cases} E\{\boldsymbol{v}\} \sim \Pi(-0.001, -0.0005, 0.0005, 0.001) \\ E\{\boldsymbol{w}\} \sim \Pi(-0.004, -0.002, 0.002, 0.004) \end{cases}$$

并且其他参数保持不变。

通过 100 次 Monte-Carlo 实验，仿真结果如图 4.4、图 4.5 所示，其中，图 4.4 表示状态估计曲线，图 4.5 表示状态估计误差曲线。在图 4.4 中，点划线表示真实值，实线表示 IFEKF 状态估计值，虚线表示 FEKF 状态估计值；在图 4.5 中，虚线表示 FEKF 估计误差值，实线表示 IFEKF 估计误差值；在图 4.4(a) ～(d) 和图 4.5(a) ～(d) 中，x，y，v_x 和 v_y 分别表示目标的水平位置、垂直位置、水平速度和垂直速度。

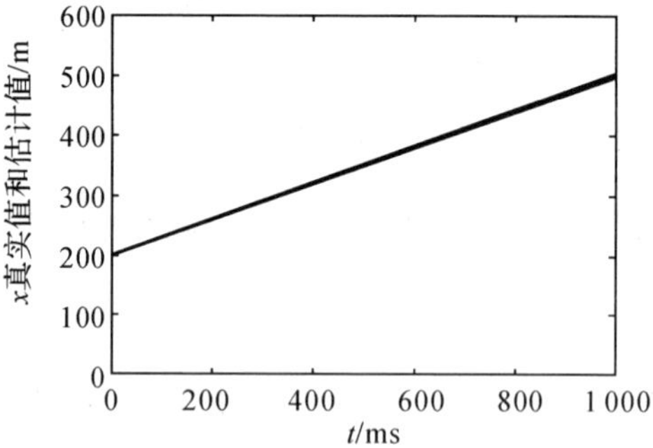

(a)

图 4.4　基于 100 次 Monte-Carlo 的状态估计

(a)x 真实值和估计值

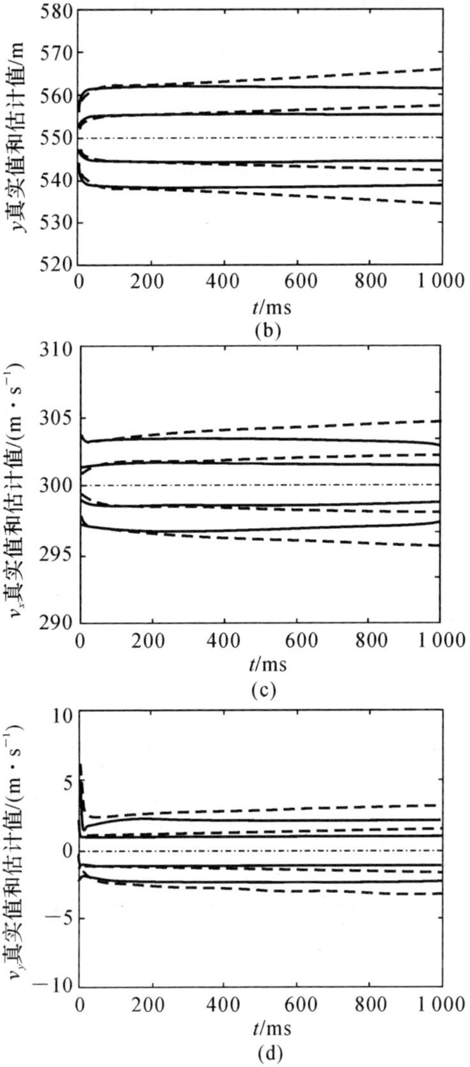

续图 4.4　基于 100 次 Monte-Carlo 的状态估计

(b) y 真实值和估计值；(c) v_x 真实值和估计值；(d) v_y 真实值和估计值

点划线表示真实值，实线代表 IFEKF 估计，虚线代表 FEKF 估计由图 4.4 可以看出，真实值均在 IFEKF 算法和 FEKF 算法的估计区域内，因此由标准 1 可知，IFEKF 算法和 FEKF 算法均能估计模糊条件下的目标状态。进一步，由图 4.4 可以看出，IFEKF 算法估计的梯形区域比 FEKF 算法估计的较小；且由图 4.5 可以看出，IFEKF 算法估计误差也比 FEKF 算法的小。因此，由标准 2 和标准 3 可以得到，算法 IFEKF 具有较好的估计表现。

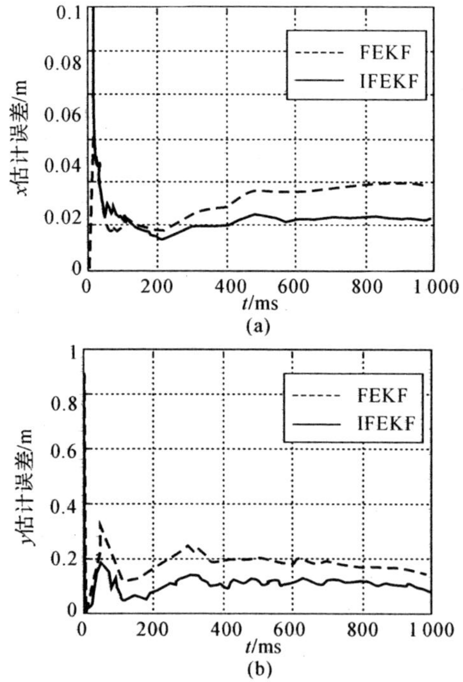

图 4.5　基于 100 次 Monte-Carlo 的状态估计误差

(a) x 估计误差；(b) y 估计误差

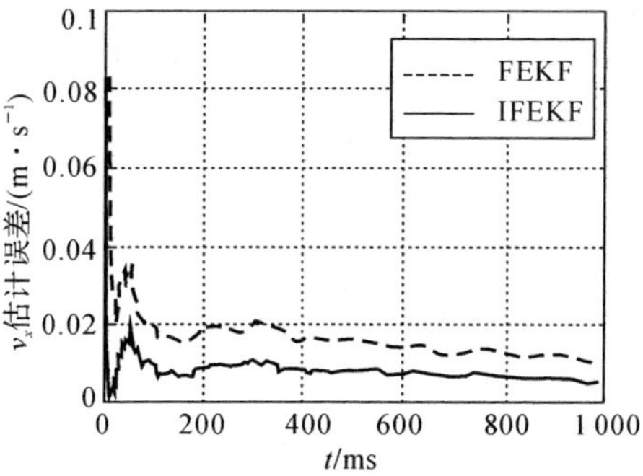

(c)

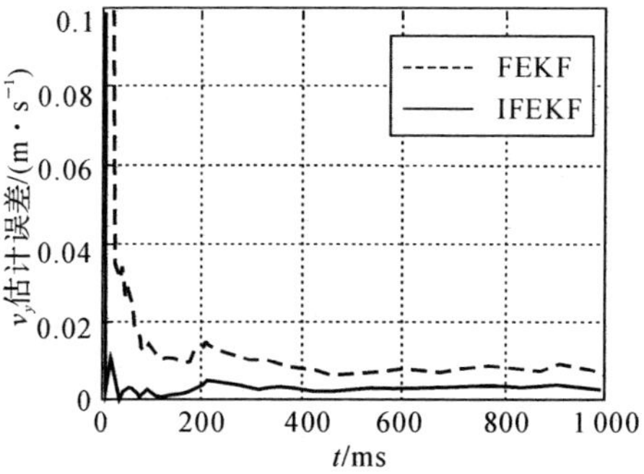

(d)

续图 4.5　基于 100 次 Monte-Carlo 的状态估计误差

(c)v_x 估计误差；　(d)v_y 估计误差

虚线代表 FEKF,实线代表 IFEKF

从上面两个仿真可以得到下述两个结论。

(1) 由于梯形分布较好地描述了模糊噪声,所以 IFEKF 算法估计精度比 EKF 算法高;

(2) 由于增加了迭代步骤,与算法 FEKF 相比,IFEKF 算法能够减少误差。

4.4.3 匀加速条件下 DFRC 无源定位仿真比较

为了进一步验证 IFEKF 的算法的有效性，一个新的匀加速单站无源定位系统被建立，该系统基于角度 β，角度变化率 $\dot{\beta}$ 和频率变化率 $\dot{f}$ 为观测信息对目标进行定位(DFRC)[29]。在该模糊系统下，比较了 IFEKF 算法和 FEKF 算法。

不失一般性，假设观测器位于原点，目标在 $x-y$ 内做匀加速运动。

该系统可描述为

$$\begin{cases} \boldsymbol{x}(k+1)=\boldsymbol{F}\boldsymbol{x}(k)+\boldsymbol{D}+\boldsymbol{w}(k+1) \\ \boldsymbol{z}(k+1)=\begin{bmatrix} \beta(k+1) \\ \dot{\beta}(k+1) \\ \dot{f}(k+1) \end{bmatrix}+\boldsymbol{v}(k+1) \end{cases}$$

其中

$$\boldsymbol{F}=\begin{bmatrix} \boldsymbol{I}_2 & \boldsymbol{I}_2 T_s \\ \boldsymbol{O} & \boldsymbol{I}_2 \end{bmatrix}$$

$$\beta(k)=\arctan\left(\frac{y(k)}{x(k)}\right)$$

$$\dot{\beta}(k)=\frac{-v_x(k)y(k)+v_y(k)x(k)}{x^2(k)+y^2(k)}$$

$$\dot{f}(k)=-\frac{[-v_x(k)y(k)+v_y(k)x(k)]^2}{\lambda\,[x^2(k)+y^2(k)]^{3/2}}$$

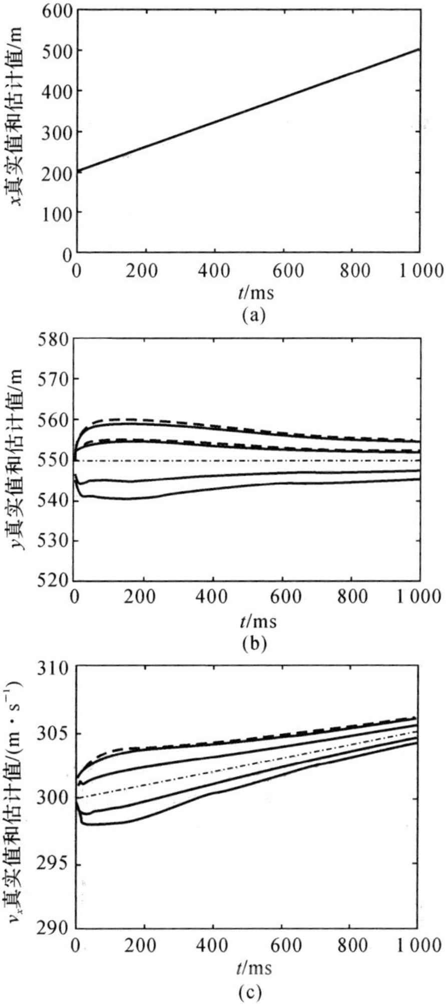

图 4.6　基于 100 次 Monte-Carlo 的状态估计

(a)x 真实值和估计值；(b)y 真实值和估计值；(c)v_x 真实值和估计值

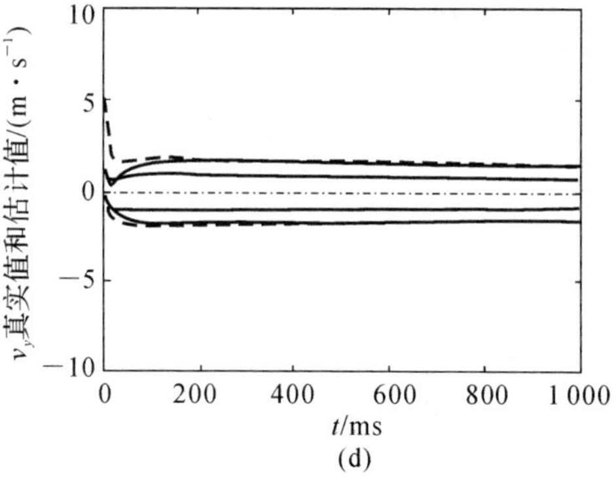

续图 4.6　基于 100 次 Monte-Carlo 的状态估计

(d)v_y 真实值和估计值

点划线表示真实值,实线代表 IFEKF 估计,虚线代表 FEKF 估计

其中 $\boldsymbol{x}=[x \quad y \quad v_x \quad v_y]^{\mathrm{T}}$,$x$,$y$,$v_x$ 和 v_y 分别为水平位置、垂直位置、水平速度和垂直速度;$\boldsymbol{I}_2$ 为二阶单位阵;T_s 是测量周期;λ 为来波的频率和波长;$\boldsymbol{w}$,$\boldsymbol{v}$ 是噪声且服从下面梯形分布:

$$\begin{cases} E\{\boldsymbol{v}\} \sim \Pi(-0.005,-0.000\,3,0.000\,2,0.005) \\ E\{\boldsymbol{w}\} \sim \Pi(-0.002,-0.000\,1,0.000\,5,0.001) \end{cases}$$

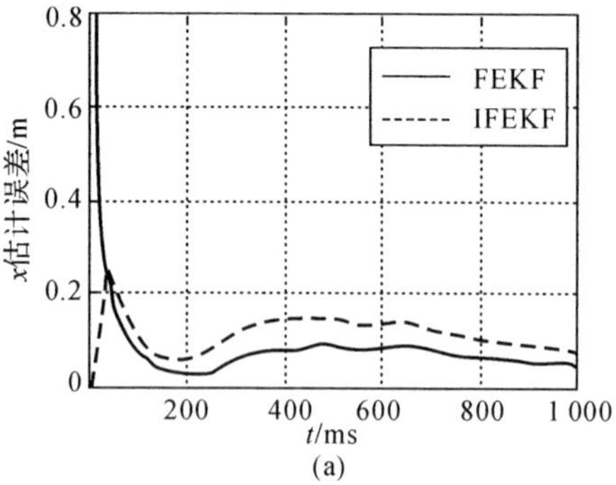

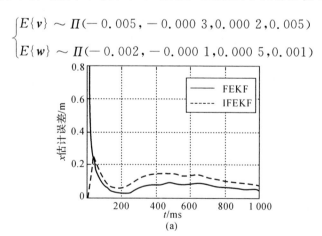

图 4.7　基于 100 次 Monte-Carlo 的状态估计误差

(a)x 估计误差

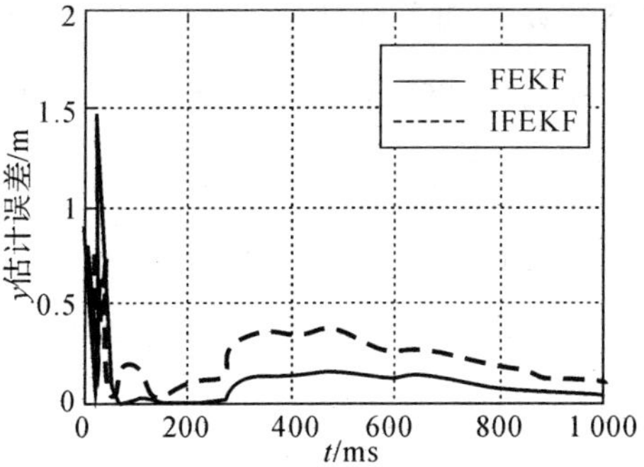

(b)

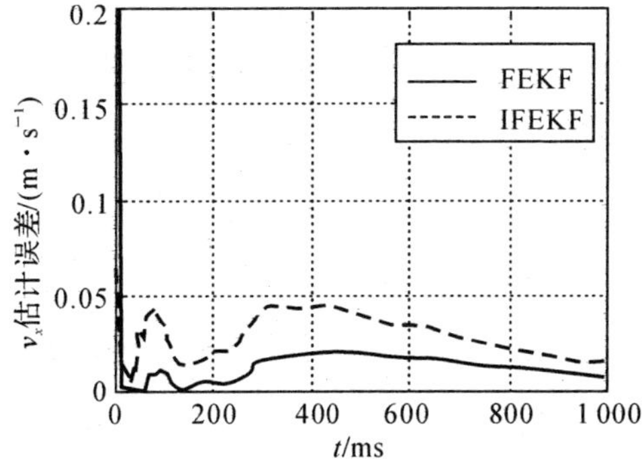

(c)

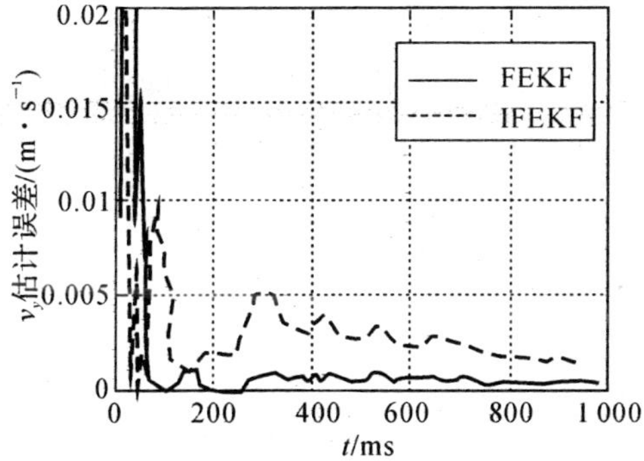

(d)

续图 4.7　基于 100 次 Monte-Carlo 的状态估计误差

(b) y 估计误差；(c) v_x 估计误差；(d) v_y 估计误差

虚线代表 FEKF,实线代表 IFEKF

其他相关参数设置如下：$\boldsymbol{x}(0)=[200\ \text{m}\quad 549\ \text{m}\quad 300\ \text{m/s}\quad 0\ \text{m/s}]$，$d=1.5\ \text{m}$，$f_0=200\ \text{MHz}$，$T_s=0.001\ \text{s}$，迭代次数 $N=3$，置信值 $\beta=0.1$，估计误差 e 定义为 $e=(\boldsymbol{x}_t-\boldsymbol{x}_c)^2$，其中 $\boldsymbol{x}_t$ 和 $\boldsymbol{x}_c$ 分别表示真实值和中心梯度值。

通过 100 次 Monte-Carlo 实验，得到如图 4.6、图 4.7 所示的仿真结果，其中，图 4.6 表示状态估计曲线，图 4.7 表示状态估计误差曲线。在图 4.6 中，点划线表示真实值，实线表示 IFEKF 状态估计值，虚线表示 FEKF 状态估计值；在图 4.7 中，虚线表示 FEKF 估计误差值，实线表示 IFEKF 估计误差值；在图 4.6(a) ～ (d) 和图 4.7(a) ～ (d) 中，x，y，v_x 和 v_y 分别表示目标的水平位置、垂直位置、水平速度和垂直速度。

由图 4.6 可以看出，真实值均在 IFEKF 算法和 FEKF 算法的估计区域内，因此由标准 1 可知，IFEKF 算法和 FEKF 算法均能估计模糊条件下的目标状态。进一步，由图 4.6 可以看出，IFEKF 算法估计的梯形区域比 FEKF 算法估计的较小；且由图 4.7 可以看出，IFEKF 算法估计误差也比 FEKF 算法的小。因此，由标准 2 和标准 3 可以得到，IFEKF 算法具有较好的估计表现。

通过本仿真，可以看到：基于 DFRC 模糊单站无源定位系统下，当目标匀加速时，与 FEKF 算法相比，IFEKF 算法依然具有较高的精度。

通过上面仿真可以看出，针对模糊不确定性系统，由于梯形分布较好地描述了噪声分布，因此 IFEKF 算法比基于高斯模型的 EKF 算法具有较高的估计精度；另一方面，在不同模糊系统下，IFEKF 算法也比 FEKF 算法具有较高的精度。

4.5 小　　结

模糊扩展 Kalman(FEKF) 在处理非线性系统时，采用一阶泰勒展开对非线性系统进行线性化，因此不可避免地引入了截断误差。为了减少 FEKF 滤波在处理非线性系统时产生的截断误差，本章基于模糊扩展 Kalman 滤波和迭代原理，提出了一种新的迭代模糊扩展 Kalman 算法(IFEKF)。通过重复计算状态估计值、估计协方差值和增益矩阵，该算法不仅大大减少了线性化误差，提高了估计精度，并且解决了模糊不确定性问题；进一步将该算法应用到单站无源定位中，提出一种新的模糊单站无源定位方法。最后，通过一个代数实例和两个不同的无源定位系统仿真，进一步验证了该算法不仅比基于 Gauss 的 EKF 算法有较高的估计精度；而且比同样基于模糊梯形分布的 FEKF 算法也具有较高的精度。因此，该算法能够很好地应用于模糊非线性系统中。

本章主要有以下创新点：

1) 推导了模糊扩展 Kalman 产生截断误差的原因。

2) 基于最大后验概率，推导了迭代模糊扩展 Kalman 滤波方法，并进一步推导了该算法的迭代更新是 Gauss - Newton 的应用。

3）提出一种新的迭代模糊滤波方法，该方法不仅能够减少截断误差，而且能够较好地解决单站无源定位中的模糊不确定性问题。

4）基于相位差、相位差变化率和频率变化率的定位体制，在迭代模糊滤波的基础上，提出了一种新的模糊单站无源定位算法。

附　　录

附录 4.1　定理 4.1 证明

假设观测模型为

$$\boldsymbol{z}(k)=\boldsymbol{h}(\boldsymbol{x}(k),k)+\boldsymbol{v}(k) \tag{1}$$

其中，$\boldsymbol{x}$ 是状态；$\boldsymbol{z}(k)$ 是测量值；$\boldsymbol{v}(k)$ 是观测噪声；$\boldsymbol{h}(k)$ 是测量方程；$\boldsymbol{x}\in\mathbf{R}^n$，$z\in\mathbf{R}^m$。

为了方便起见，将当前的测量值 $\boldsymbol{z}$ 和状态估计 $\hat{\boldsymbol{x}}$ 集中在一个向量中。因此，扩展的观测值和观测方程为

$$\boldsymbol{Y}=\begin{bmatrix}\boldsymbol{z}\\ \hat{\boldsymbol{x}}\end{bmatrix},\quad \boldsymbol{g}(\boldsymbol{x})=\begin{bmatrix}\boldsymbol{h}(\boldsymbol{x})\\ \boldsymbol{x}\end{bmatrix} \tag{2}$$

进一步得到

$$\boldsymbol{G}=\boldsymbol{g}'(\hat{\boldsymbol{x}}(k+1))=\begin{bmatrix}\boldsymbol{H}\\ \boldsymbol{I}\end{bmatrix},\quad \boldsymbol{B}=\begin{bmatrix}\boldsymbol{R} & \boldsymbol{O}\\ \boldsymbol{O} & \boldsymbol{P}\end{bmatrix} \tag{3}$$

其中，$\boldsymbol{H}=\boldsymbol{h}'(\hat{\boldsymbol{x}}(k+1))$；$\boldsymbol{P}$ 是 $\hat{\boldsymbol{x}}$ 的协方差。

$\boldsymbol{x}$ 的最大似然函数为[133]

$$\boldsymbol{L}(\zeta)=\frac{1}{\sqrt{(2\pi)^{m+n}|\boldsymbol{B}|}}\exp\left(-\frac{1}{2}(\boldsymbol{Y}-\boldsymbol{g}(\zeta))^{\mathrm{T}}\boldsymbol{B}^{-1}(\boldsymbol{Y}-\boldsymbol{g}(\zeta))\right) \tag{4}$$

$\boldsymbol{x}$ 的最大似然估计 $\hat{\boldsymbol{x}}^{+}$ 为

$$\hat{\boldsymbol{x}}^{+}=\mathrm{argmax}(\boldsymbol{L}(\zeta)) \tag{5}$$

$$\hat{\boldsymbol{x}}^{+}=\mathrm{argmin}(\boldsymbol{r}(\zeta)) \tag{6}$$

其中

$$\boldsymbol{r}(\zeta)=(\boldsymbol{Y}-\boldsymbol{g}(\zeta))^{\mathrm{T}}\boldsymbol{B}^{-1}(\boldsymbol{Y}-\boldsymbol{g}(\zeta))$$

根据文献[149]，非线性最小二乘问题可表示为

$$\mathrm{minimize}\boldsymbol{f}(\xi)=\frac{1}{2}\|q(\boldsymbol{\xi})\|^{2} \tag{7}$$

其中，$\|\boldsymbol{q}\|=\sqrt{\boldsymbol{q}^{\mathrm{T}}\boldsymbol{q}}$。

为解决该问题，Gauss-Newton 法采用一种近似的 Newton 方法，得到梯度函数 $\nabla\boldsymbol{f}(\xi)=(\boldsymbol{q}'(\xi))^{\mathrm{T}}\boldsymbol{q}(\xi)$ 的根。

若 $\boldsymbol{H}_j$ 为 $\boldsymbol{q}$ 的 j 次 Hessian 阵，则

$$\nabla\boldsymbol{f}(\xi)=(\boldsymbol{q}'(\xi))^{\mathrm{T}}\boldsymbol{q}(\xi)+\boldsymbol{D}(\xi) \tag{8}$$

其中

$$\boldsymbol{D}(\xi)=\sum_{j=1}^{n}\boldsymbol{q}(\xi)\boldsymbol{H}_j(\xi)$$

通过忽略 $\boldsymbol{D}$，Gauss-Newton 法得到下面的近似估计：

$$\hat{\boldsymbol{x}}^{i+1}=\hat{\boldsymbol{x}}^{i}-[\boldsymbol{q}'(\hat{\boldsymbol{x}}^{i})^{\mathrm{T}}\boldsymbol{q}'(\hat{\boldsymbol{x}}^{i})]^{-1}\boldsymbol{q}'(\hat{\boldsymbol{x}}^{i})^{\mathrm{T}}\boldsymbol{q}(\hat{\boldsymbol{x}}^{i}) \tag{9}$$

假设噪声 $\boldsymbol{v}(k)$ 服从如下的模糊梯形分布

$$\begin{cases} E\{\boldsymbol{v}(k)\} \sim \Pi(\boldsymbol{v}_1(k), \boldsymbol{v}_2(k), \boldsymbol{v}_3(k), \boldsymbol{v}_4(k)) \\ C(\boldsymbol{v}(k)) = 0 \\ U\{\boldsymbol{v}(k)\} = \boldsymbol{R}(k) \end{cases}$$

由于模糊的遗传性[97]，$\boldsymbol{z}(k)$ 也服从模糊梯形分布，且

$$\boldsymbol{z}_l(k) = \boldsymbol{h}(\boldsymbol{x}_l(k), k) + \boldsymbol{v}_l(k)$$

$$\begin{cases} E\{\boldsymbol{z}(k)\} \sim \Pi(z_1(k), z_2(k), z_3(k), z_4(k)) \\ C(\boldsymbol{z}(k)) = \boldsymbol{H}(k)\boldsymbol{x}(k) + \boldsymbol{\mu}(k) \\ U\{\boldsymbol{z}(k)\} = \boldsymbol{R}(k) \end{cases}$$

显然，$\boldsymbol{x}(k)$ 也服从模糊梯形分布，且

$$E\{\hat{\boldsymbol{x}}^{i+1}(k+1)\} \sim \Pi(\hat{\boldsymbol{x}}_1^{i+1}(k+1), \hat{\boldsymbol{x}}_2^{i+1}(k+1), \hat{\boldsymbol{x}}_3^{i+1}(k+1), \hat{\boldsymbol{x}}_4^{i+1}(k+1)) \tag{10}$$

进一步，模糊条件下的 Gauss-Newton 估计为

$$\hat{\boldsymbol{x}}_l^{i+1} = \hat{\boldsymbol{x}}_l^i - [\boldsymbol{q}'(\hat{\boldsymbol{x}}_l^i)^{\mathrm{T}}\boldsymbol{q}'(\hat{\boldsymbol{x}}_l^i)]^{-1}\boldsymbol{q}'(\hat{\boldsymbol{x}}_l^i)^{\mathrm{T}}\boldsymbol{q}(\hat{\boldsymbol{x}}_l^i) \tag{11}$$

其中

$$\boldsymbol{q}(\xi) = \boldsymbol{A}(\boldsymbol{Y} - \boldsymbol{g}(\zeta)) \tag{12}$$

$$\mathbf{A}^{\mathrm{T}}\boldsymbol{A} = \boldsymbol{B}$$

将式(12)代入式(11)得

$$\hat{\boldsymbol{x}}_l^{i+1} = ((\boldsymbol{G}^i)^{\mathrm{T}}\boldsymbol{B}^{-1}\boldsymbol{G}^i)^{-1}(\boldsymbol{G}^i)^{\mathrm{T}}\boldsymbol{B}^{-1}(\boldsymbol{Y} - \boldsymbol{g}(\hat{\boldsymbol{x}}_l^i) + \boldsymbol{G}^i\hat{\boldsymbol{x}}_l^i) \tag{13}$$

通过 FEKF 可知

$$\boldsymbol{P}(k+1) = [\boldsymbol{I} - \boldsymbol{K}^i(k+1)\boldsymbol{H}^i(k+1)]\boldsymbol{P}(k+1 \mid k) =$$

$$\boldsymbol{P}-(\boldsymbol{H}^{\mathrm{T}}\boldsymbol{R}^{-1}\boldsymbol{H}+\boldsymbol{P}^{-1})^{-1}\boldsymbol{H}^{\mathrm{T}}\boldsymbol{R}^{-1}\boldsymbol{H}\boldsymbol{P}=$$
$$(\boldsymbol{H}^{\mathrm{T}}\boldsymbol{R}^{-1}\boldsymbol{H}+\boldsymbol{P}^{-1})^{-1}((\boldsymbol{H}^{\mathrm{T}}\boldsymbol{R}^{-1}\boldsymbol{H}+\boldsymbol{P}^{-1})\boldsymbol{P}-\boldsymbol{H}^{\mathrm{T}}\boldsymbol{R}^{-1}\boldsymbol{H}\boldsymbol{P})=$$
$$(\boldsymbol{H}^{\mathrm{T}}\boldsymbol{R}^{-1}\boldsymbol{H}+\boldsymbol{P}^{-1})^{-1} \tag{14}$$

$$\boldsymbol{K}=\boldsymbol{P}\boldsymbol{H}^{\mathrm{T}}(\boldsymbol{H}^{\mathrm{T}}\boldsymbol{R}^{-1}\boldsymbol{H}+\boldsymbol{R}^{-1})^{-1}=(\boldsymbol{H}^{\mathrm{T}}\boldsymbol{R}^{-1}\boldsymbol{H}+\boldsymbol{R}^{-1})^{-1}\boldsymbol{H}^{\mathrm{T}}\boldsymbol{R}^{-1} \tag{15}$$

通过式(2)、式(3)和式(13)～式(15)，可以得到

$$\hat{\boldsymbol{x}}_l^{i+1}=((\boldsymbol{H}^i)^{\mathrm{T}}\boldsymbol{R}^{-1}\boldsymbol{H}^i+\boldsymbol{P}^{-1})^{-1}[(\boldsymbol{H}^i)^{\mathrm{T}}\boldsymbol{R}^{-1}(\boldsymbol{z}_l-\boldsymbol{h}(\hat{\boldsymbol{x}}_l^i)-\boldsymbol{H}^i(\hat{\boldsymbol{x}}_l-\hat{\boldsymbol{x}}_l^i))+$$
$$((\boldsymbol{H}^i)^{\mathrm{T}}\boldsymbol{R}^{-1}\boldsymbol{H}^i+\boldsymbol{P}^{-1})\hat{\boldsymbol{x}}_l]=$$
$$\hat{\boldsymbol{x}}_l+((\boldsymbol{H}^i)^{\mathrm{T}}\boldsymbol{R}^{-1}\boldsymbol{H}^i+\boldsymbol{P}^{-1})^{-1}(\boldsymbol{H}^i)^{\mathrm{T}}\boldsymbol{R}^{-1}(\boldsymbol{z}_l-\boldsymbol{h}(\hat{\boldsymbol{x}}_l^i)-\boldsymbol{H}^i(\hat{\boldsymbol{x}}_l-\hat{\boldsymbol{x}}_l^i))=$$
$$\hat{\boldsymbol{x}}_l+\boldsymbol{K}^i(\boldsymbol{z}_l-\boldsymbol{h}(\hat{\boldsymbol{x}}_l^i)+\boldsymbol{H}^i(\hat{\boldsymbol{x}}_l-\hat{\boldsymbol{x}}_l^i))$$

通过上面的证明可以得出，IFEKF 的迭代过程是 Gauss-Newton 法的应用。

附录 4.2

从 IFEKF 算法，可以得到迭代更新公式为

$$\hat{\boldsymbol{x}}_l^{i+1}(k+1)=\hat{\boldsymbol{x}}_l(k+1\mid k)+\boldsymbol{K}^i(k+1)\boldsymbol{\gamma}_l^i(k+1) \tag{1}$$

$$\boldsymbol{P}^{i+1}(k+1)=\{[\boldsymbol{H}^i(k+1)]^{\mathrm{T}}[\boldsymbol{R}^i(k+1)]^{-1}\boldsymbol{H}^i(k+1)+$$
$$\boldsymbol{P}^{-1}(k+1\mid k)\}^{-1} \tag{2}$$

其中 $\boldsymbol{\gamma}_l^i(k+1)=\boldsymbol{z}_l(k+1)-\boldsymbol{h}(k+1,\hat{\boldsymbol{x}}_l^i(k+1))-$

$$\boldsymbol{H}^i(k+1)(\hat{\boldsymbol{x}}_l(k+1\mid k)-\hat{\boldsymbol{x}}_l^i(k+1)) \tag{3}$$

根据初始值

$$\boldsymbol{x}(k+1)=\begin{bmatrix}0 & 0 & 0 & 0\\ 1 & 1 & 1 & 1\end{bmatrix}$$

$$\boldsymbol{z}(k+1)=\begin{bmatrix}1 & 1 & 1 & 1\\ 1 & 1 & 1 & 1\end{bmatrix}$$

$$\hat{\boldsymbol{x}}^{0}(k+1)=\hat{\boldsymbol{x}}(k+1\mid k)=\begin{bmatrix}0 & 0 & 0 & 0\\ \alpha & \alpha & \alpha & \alpha\end{bmatrix}$$

$$\boldsymbol{P}(k+1\mid k)=\begin{bmatrix}1 & 0\\ 0 & 1\end{bmatrix}$$

可以得到

$$\boldsymbol{h}(\hat{\boldsymbol{x}}_{l}^{i}(k+1),k+1)=\frac{1}{2}\begin{bmatrix}(x(k+1)+1)^{2}+y^{2}(k+1)\\ (x(k+1)-1)^{2}+y^{2}(k+1)\end{bmatrix}=$$

$$\frac{1}{2}\begin{bmatrix}1+(\alpha^{i})^{2}\\ 1+(\alpha^{i})^{2}\end{bmatrix}\tag{4}$$

$$\boldsymbol{H}^{i}(\boldsymbol{x}(k+1))=\boldsymbol{h}'(\boldsymbol{x}(k+1))=\begin{bmatrix}x(k+1)+1 & y(k+1)\\ x(k+1)-1 & y(k+1)\end{bmatrix}=$$

$$\begin{bmatrix}1 & \alpha^{i}\\ -1 & \alpha^{i}\end{bmatrix}\tag{5}$$

$$[\boldsymbol{H}^{i}(k+1)]^{\mathrm{T}}\,[\boldsymbol{R}^{i}(k+1)]^{-1}\boldsymbol{H}^{i}(k+1)=\frac{2}{\sigma}\begin{bmatrix}1 & 0\\ 0 & (\alpha^{i})^{2}\end{bmatrix}\tag{6}$$

将式(6)和 $\boldsymbol{P}(k+1\mid k)=\begin{bmatrix}1 & 0\\ 0 & 1\end{bmatrix}$ 代入公式(2),可以得到

$$\boldsymbol{P}^{i+1}(k+1)=\{[\boldsymbol{H}^i(k+1)]^{\mathrm{T}}[\boldsymbol{R}^i(k+1)]^{-1}\boldsymbol{H}^i(k+1)+$$

$$\boldsymbol{P}^{-1}(k+1\mid k)\}^{-1}=$$

$$\left\{\frac{2}{\sigma}\begin{bmatrix}1 & 0\\ 0 & (\alpha^i)^2\end{bmatrix}+\begin{bmatrix}1 & 0\\ 0 & 1\end{bmatrix}\right\}=$$

$$\sigma\begin{bmatrix}(2+\sigma)^{-1} & 0\\ 0 & (2(\alpha^i)^2+\sigma)^{-1}\end{bmatrix} \tag{7}$$

$$[\boldsymbol{H}^i(k+1)]^{\mathrm{T}}[\boldsymbol{R}^i(k+1)]^{-1}\boldsymbol{\gamma}_l(k+1)=\frac{1}{\sigma}\begin{bmatrix}1 & \alpha^i\\ -1 & \alpha^i\end{bmatrix}\begin{bmatrix}1 & 0\\ 0 & 1\end{bmatrix}-$$

$$\left\{\begin{bmatrix}1\\ 1\end{bmatrix}-\frac{1}{2}\begin{bmatrix}1+(\alpha^i)^2\\ 1+(\alpha^i)^2\end{bmatrix}-\begin{bmatrix}\alpha^i(\alpha-\alpha^i)\\ \alpha^i(\alpha-\alpha^i)\end{bmatrix}\right\}=$$

$$\frac{1}{\sigma}\begin{bmatrix}1 & -1\\ \alpha^i & \alpha^i\end{bmatrix}\begin{bmatrix}\frac{1}{2}+\frac{1}{2}(\alpha^i)^2-\alpha^i\alpha\\ \frac{1}{2}+\frac{1}{2}(\alpha^i)^2-\alpha^i\alpha\end{bmatrix}=$$

$$\frac{1}{\sigma}\alpha^i(1+(\alpha^i)^2-2\alpha^i\alpha)x_l(k+1) \tag{8}$$

将式(7)和式(8)代入式(1),IFEKF 算法的迭代更新公式可以表示为

$$\hat{\boldsymbol{x}}_l^{i+1}(k+1)=\hat{\boldsymbol{x}}_l(k+1\mid k)+$$

$$\boldsymbol{P}^{i+1}(k+1)[\boldsymbol{H}^i(k+1)]^{\mathrm{T}}\boldsymbol{R}^{-1}(k+1)\boldsymbol{\gamma}_l^i(k+1)=$$

$$\alpha^0\boldsymbol{x}_l(k+1)+\frac{\alpha^i(1+(\alpha^i)^2-2\alpha^i\alpha^0)}{2(\alpha^i)^2+\sigma}\boldsymbol{x}_l(k+1)=$$

$$\frac{1+(\alpha^i)^2}{2(\alpha^i)^2+\sigma}\alpha^i+\frac{\sigma}{2(\alpha^i)^2+\sigma}\alpha^0=$$

$$\alpha^{i+1}\boldsymbol{x}_l(k+1) \tag{9}$$

其中

$$\alpha^{i+1}=\frac{1+(\alpha^i)^2}{2(\alpha^i)^2+\sigma}\alpha_l^i+\frac{\sigma}{2(\alpha^i)^2+\sigma}\alpha^0,\quad \alpha^0=\alpha \tag{10}$$

故可得 IFEKF 算法的简化公式为

$$\hat{\boldsymbol{x}}_l^{i+1}(k+1)=\alpha^{i+1}\boldsymbol{x}_l$$

第5章 模糊单站无源定位在组合导航中的应用

本章在课题组科研项目研究基础上，将模糊单站无源定位方法应用到导航中，提出一种新的导航思路，并将该导航方法与惯性导航进行组合，进而修正惯性导航，以获得高精度、高可靠性的导航信息，从而满足高精度导航的需求；另一方面，利用无源导航技术所提供的方位信息，对陀螺仪工具误差系数进行修正，使惯性系统保持一定的制导精度。

5.1 引　言

空天飞行器导航制导与控制技术是空天飞行器的眼睛和大脑，是实现空天飞行器自主飞行的核心关键技术，导航制导与控制技术的变革或革新将衍生出空天飞行器新的制导控制方式。纵观目前国际上空天飞行器导航制导与控制技术的发展，新概念、新原理的自主导航技术已成为目前空天飞行器导航制导与控制技术领域所关注的前沿问题和重点探索领域。

导航所需要的最基本的导航参数就是载体的实时位置、速度和姿态信息[150]。可用于导航的设备、技术、方法有很多，但主要可分为惯性导航系统、陆基无线电导航系统、卫星导航系统、天文导航系统和地形辅助导航系统等。但是任何一种导航设备的性能和应用范围都难免有其局限性，不可能完全满足飞行器导航的需求。为了实现飞行器航行的需要，途径之一就是组合不同特点的导航设备与方法，采用相互间优势互补的工作模式，实现组合导航[151-153]。

采用组合导航方案的原因和基本思想在于：在初始条件正确给定的情况下，惯性导航系统可以提供连续实时的导航参数，其短时精度相当高，但惯性导航（惯导）[151,156]系统的误差随着使用时间而不断积累，因此难以完全满足高精度导航的要求。在仍采用以惯性导航作为主要导航方案的前提下，解决方法就是将惯性导航与其他导航手段相结合，利用 Kalman 滤波等方法进行导航信息的处理，以获得高精度、高可靠性的导航信息，从而满足高精度导航的需求。从理论上讲，现有的任何导航系统都可以作为组合系统的子系统。这样，不仅可以增加导航系统目标特征向量的维数，而且增加了导航信息的冗余度，这样做的好处是提高了整个系统的性能。国外已经从理论上证明，通过多传感器信息的融合而获得对环境或目标状态的最优估值，不会使整个系统的性能下降，反而会有所提高[154-155]。

INS/GPS 组合导航系统克服了 INS 误差随时间积累和 GPS 动态性能及抗干扰能力差的缺点，并且发挥了 INS 的自主性、抗干扰能力强和 GPS 全天候、高精度等优点[157,158]。同时，由于高精度惯性器件成本非常高，而 INS/GPS 组合导航系统可以降低对惯性器件的要求，从而可以大大地节省惯导成本，这是非常有意义的。但是必须清醒地认识到我国军事使用 GPS 系统的非自主性。GPS 是由美国军方为取得军事优势而发展的，因而本质上是一种军事系统，只是在所谓保障美国安全利益的前提下才提供别国使用。GPS 的控制权掌握在美国军方手中，美国完全可以根据自己的需要，随意改变 GPS 的精度和可用性[159-160]。因此，我国的巡航导弹若完全依赖 GPS 实现组合导航，从军事角度来看显然是不可取的，必须致力于自主系统的研制、开发。另一方面，卫星导航系统可能被干扰，降低导航精度。本书将具有高安全性的模糊单站无源定位思想应用到导航中。

根据课题组搜集的资料和调研的结果，国内外尚无利用外辐射源进行低空飞行器导航的公开报道和成型的技术方案。本书提出了一种新的无源导航，该方法思想是：通过探测地方区域的外辐射源信号，如广播电台等，得到相应的观测信息，再根据模糊单站无源定位方法得到飞行器自身位置信息，进而实现导航，为了简单起见，称此导航技术为无源导航。由于模糊单站无源导航方法前面已经详细介绍，因此本章重点介绍模糊单站无源定位在组合导航中的应用，以及如何提高惯性导航的精度。

5.2　信息融合

信息融合就是将来自多个传感器或多源的信息进行综合处

理，从而得出更为准确、可靠的结论。

多传感器信息融合技术的发展为解决这一问题提供了有效的途径。多传感器信息融合（也叫多源信息融合或信息融合）是指利用计算机技术将来自多传感器或多源的信息和数据，在一定准则下加以自动分析、综合以完成所需要的决策和估计而进行的信息处理过程[161]。多传感器数据融合把系统中各个传感器提供的各种数据协调地组合起来，形成对周围环境实况高质量的可靠判断。即使在环境发生变化，系统的部分设备产生技术故障或损坏的情况下也能保持这种判断的最好质量。由于多传感器信息的融合能够扩展系统的时间和空间覆盖范围，减少信息的模糊性，提高系统的可靠性等，多传感器信息融合得到了深入的研究[162-165]和广泛的应用，包括各种军事 C^3I 系统以及工业监控、机器人、空中交通管制、汽车驾驶辅助系统等非军事领域[161]。

在军事领域，信息融合主要包括检测、互联、关联、状态估计、目标识别、态势描述、威胁估计、传感器管理和数据库等。它是一个在多个级别上对传感器数据进行综合处理的过程，每个处理器都反映了对原始数据不同程度的抽象，它包括从检测到威胁判断、武器分配和通道组织的完整过程，其结果表现为在较低级别对状态和属性的评估和在较高层次上对整个态势、威胁的估计。多传感器信息融合在解决探测、跟踪和目标识别等问题上具有许多优势。

(1)增加了系统的生存能力。当有若干个传感器不能工作或受到干扰时，还有一部分传感器可以正常提供信息，使系统能够正常运行、弱化故障，并增加检测概率等。

(2)扩展了空间概率范围。通过多个交叠覆盖的传感器作用区域，扩大了空间覆盖范围，某些传感器可以探测到其他传感器无法探测的区域，进而提高了系统的检测能力。

(3)利用不同传感器采集的信息存在互补性，从而补偿单一传感器的不确定性和测量范围的局限性。

(4)利用相似传感器采集信息的冗余性，可以降低信息的不确定性。

(5)提高空间分辨能力。

(6)改善系统的可靠性。

(7)可以更迅速、更经济地获取有关环境的多种信息。

(8)增加了可信度。

(9)增加了测量空间维数。

正是由于这些单一传感器无法比拟的优点，信息融合技术引起了各国科研人员的极大关注，无论是军事领域还是非军事领域，多传感器融合技术得到了广泛的应用。但是，也应该考虑到多传感器融合会引起成本增高，设备的尺寸、质量等物理因素增大，以及因辐射增多而使系统被敌方探测的概率增加。因此，在具体使用时，应将其优缺点进行权衡。

文献[162,163]把数据融合分为三级，文献[166]在文献[164,167]的基础上，根据融合的功能层次，把数据融合分为五级:检测融合、位置融合、属性融合、态势评估、威胁估计。在目标定位和跟踪中,最重要的是位置融合,也是本书研究的重点。

根据信息流通形式如何综合处理层次上看,状态融合的结构模型主要有集中式、分布式、混合式[161-162,164,168-169]。

1. 集中式融合结构

集中式融合结构将传感器录取的检测报告传递到融合中心,在那里进行数据对准、点迹相关、数据互联、航迹滤波、预测与综合跟踪[170-171]。在集中式处理结构中,融合中心利用所有传感器的原始测量数据,没有信息损失,因而融合结果是最优的。但这种结构需要频带很宽的数据传输总线,需要有较强处理能力的中央处理器,并且要求系统必须具备大容量的能力,计算负担重,系统生存能力也较差。其结构模型如图 5.1 所示。

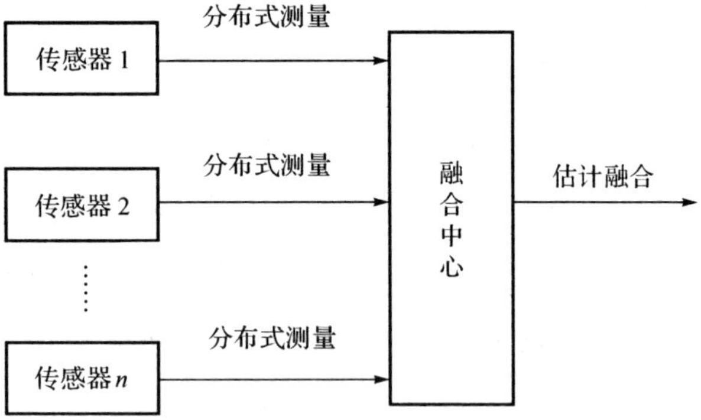

图 5.1　集中式融合结构

2. 分布式融合结构

分布式融合是每个传感器的检测报告在进入融合之前,先由它自己的数据处理器产生局部多目标跟踪航迹，然后把处理后的信息送至融合中心，中心根据各节点的航迹数据完成航迹相关与合成，形成全局估计[166,179]。在分布式融合结构中，每个传感器都有自己的处理器，进行一些预处理，然后把中间结果送到中心节点，进行融合处理。由于各传感器都具有自己的局部处理器，能够形成局部估计，所以在融合中心也主要是对各局部估计进行融合。在目标跟踪中，局部估计对应于目标的局部航迹，因此这种融合方式在目标跟踪中也被称为航迹融合。这种结构因为将融合中心的计算量分担给了各局部传感器，对信道容量要求低，系统生命力强，工程上易于实现而受到很大重视，并成为估计融合中研究的重点。如在 C^3I 中，它不仅具有局部独立跟踪能力，而且具有全局监视和评估特性，其造价也可限制在一定的范围内[161]。其结构如图 5.2 所示。

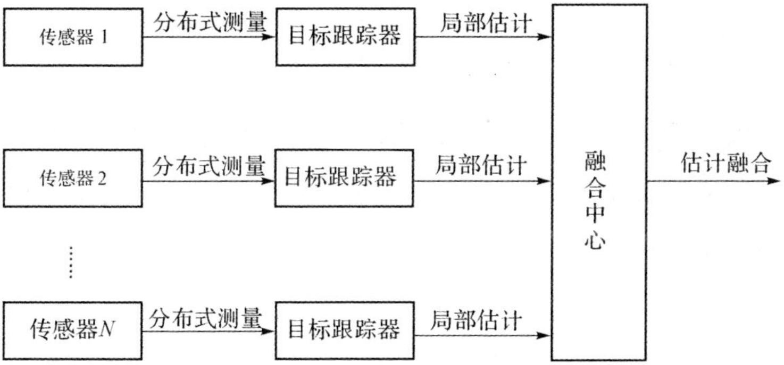

图 5.2　分布式融合结构

3. 混合式融合结构

混合式融合是集中式和分布式结构的一种综合，融合中心得到的可能是原始测量数据，也可能是局部节点处理过的数据[171]，它保留了上述两类系统的优点，但在通信和计算上要付出昂贵的代价。

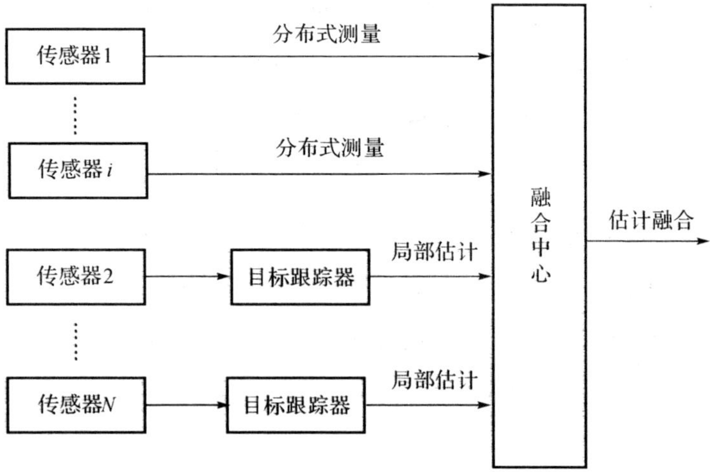

图 5.3　混合式融合结构

以上是三种最基本的融合结构，还可以由这三种基本结构构成多种不同的混合结构，集中融合结构和分散融合结构是两种常用的融合结构。

5.3　无源导航

由于外部环境的变化、累积误差、环境温度的变化等原因，噪声统计参数不能事先精确已知。而错误的噪声统计特性会严重地降低滤波器的性能，甚至导致滤波器发散[41-42]。对这种系统，需要人们给出定性而不是定量的描述，这种描述具有主观性和模糊性[47]。并且在实际工程中，由于数据缺乏时可能依赖于专家的经验获得数据，这都会带来模糊性[100]。因此，为了更好地获得无源导航信息，将强跟踪模糊单站无源定位方法应用到无源导航中。

$$\begin{cases} \boldsymbol{x}(k+1)=\boldsymbol{f}(\boldsymbol{x}(k),\boldsymbol{u}(k),k)+\boldsymbol{w}(k+1) \\ \boldsymbol{z}(k+1)=\boldsymbol{h}(\boldsymbol{x}(k+1),k+1)+\boldsymbol{v}(k+1)= \\ \qquad\qquad \begin{bmatrix} \varphi(k) \\ \dot{\varphi}(k) \\ \dot{f}(k) \end{bmatrix}+\boldsymbol{v}(k+1) \end{cases}$$

其中，$\boldsymbol{f}$ 和 $\boldsymbol{h}$ 分别是模糊单站无源定位系统的状态方程和测量方程；$\boldsymbol{u}(k)$ 是未知加速度；$\boldsymbol{w}(k+1)$ 和 $\boldsymbol{v}(k+1)$ 分别是模糊过程噪声和模糊测量噪声。不同的是，这里的状态方程表示具体的目标辐射源与观测平台的相对运动，$\boldsymbol{x}(k)$ 则表示目标辐射源与观测平台的相对状态；观测方程表示无源观测平台的测量信息与状态之间的关系，$\boldsymbol{z}(k+1)$ 则表示观测平台测得的定位信息参数，包括相位差 φ，相位差变化率 $\dot{\varphi}$ 和频率变化率 $\dot{f}$，当然也可以使用其他定位体制，方法相同。

将第 5 章提出的强跟踪模糊单站无源定位方法(SFEKF) 应用到无源导航中，步骤如下：

步骤 1：为了实现无源定位，根据不同的实际情况选定状态方程和测量方程；

步骤 2：当 $k=0$ 时，设置初始值 $\hat{\boldsymbol{x}}(0)$ 和 $\boldsymbol{P}(0)$；

步骤 3：对每一个新的测量向量，用 SFEKF 去估计目标的状态；

步骤 4：令 $k+1 \rightarrow k$，回到步骤 3

步骤 5：由于已知敌方广播电台等目标辐射源位置信息，通过计算上面获得的相对位置信息，得到飞行器自身导航信息。

5.4 组合导航系统设计与仿真

为了克服惯导系统误差随时间积累的问题，利用其他辅助导航系统与惯导系统相结合的组合导航技术成为导航技术发展的重要方向。组合导航的基本思想是，惯导作为主导航系统可以提供连续实时的导航参数，其短时定位精度高，其他导航系统（如GPS等）作为辅助导航系统可以解决惯导误差随时间不断积累的问题，利用数据融合技术进行组合导航就可以得到高精度、高可靠的导航信息。本章首先给出了惯导系统的误差模型，并设计了滤波器结构，通过Kalman滤波将惯导与无源导航进行组合，并利用仿真验证了组合导航的优越性。

5.4.1 惯导系统误差模型

惯性导航是一种自主式的导航方法，它完全依靠运载设备自主地完成导航任务，与外界不发生任何联系，它不仅能提供位置、航向和速度信息，还能提供载体的姿态信息，惯导系统的独特优点使其成为航空、航天以及航海领域中广泛使用的主要导航方法。

惯性导航利用惯性器件测量元件测量载体相对于惯性空间的运动参数，经过计算后进行导航。由加速度计测量载体的加速度，在给定运动初始条件下由导航计算机算出载体的速度、距离和经、纬度；由陀螺仪测量载体的角运动，经转换、处理后输出载体的姿态和航向。

5.4.1.1 惯性仪表的误差模型

惯性仪表的误差[150-151]是惯导系统中最基本的误差，包括安装误差、刻度系数误差和随机误差等。为方便起见，这里只考虑刻度系数误差和随机误差。

1. 陀螺仪误差模型

陀螺仪输出的是载体相对惯性空间的角速度或角增量，其误差可描述如下：

$$\varepsilon = \varepsilon_b + \varepsilon_r + \delta k_G \omega^b + w_G \tag{5.1}$$

其中，ε_b 为随机常数；ε_r 为一阶马氏过程；δk_G 为刻度系数误差；ω^b 为弹体坐标系中的角速度；ω_G 为白噪声。若设三个轴方向的陀螺误差模型相同，则

$$\left.\begin{aligned} \dot{\varepsilon}_b &= 0 \\ \dot{\varepsilon}_r &= -\varepsilon_r/\tau_g + w_r \end{aligned}\right\} \tag{5.2}$$

其中，τ_G 为相关时间。

2. 加速度计误差模型

若三个轴向的加速度计误差模型相同，则其误差模型可描述为

$$\nabla_i^b = \nabla_{ri} + \delta K_{Ai} f_i^b + w_{Ai} \quad (i = x, y, z) \tag{5.3}$$

其中，∇_{ri} 为一阶马氏过程；δK_{Ai} 为加速度计的刻度系数误差；τ_A 为相关时间，则有

$$\dot{\nabla}_{ri} = -\nabla_{ri}/\tau_A + w_{Ari} \tag{5.4}$$

5.4.1.2　导航参数误差方程

本书中取地理坐标系 g 为导航坐标系，即 x，y，z 轴分别为东、北、天向。弹体坐标系到地理坐标系的转换关系为

$$C_b^g = \begin{bmatrix} \cos\gamma\cos\psi - \sin\gamma\sin\psi\sin\theta & -\sin\psi\cos\theta & \sin\gamma\cos\psi + \cos\gamma\sin\psi\sin\theta \\ -\cos\gamma\sin\psi + \sin\gamma\cos\psi\sin\theta & \cos\psi\cos\theta & \sin\gamma\sin\psi - \cos\gamma\cos\psi\sin\theta \\ -\sin\gamma\cos\theta & \sin\theta & \cos\gamma\cos\theta \end{bmatrix} \tag{5.5}$$

其中，ψ 为航向角；θ 为俯仰角；γ 为横滚角。

1. 姿态误差方程

惯导输出的姿态误差为

$$\dot{\varphi}_{E}=-\frac{v_{N}}{R+h}\delta K_{GE}-\frac{\delta v_{N}}{R+h}+\frac{v_{N}}{(R+h)^{2}}\delta h+\left(\omega_{ie}\sin L+\frac{v_{E}}{R+h}\tan L\right)\varphi_{N}-\left(\omega_{ie}\cos L+\frac{v_{E}}{R+h}\right)\varphi_{U}+\varepsilon_{E}\tag{5.6}$$

$$\dot{\varphi}_{N}=\left(\omega_{ie}\cos L+\frac{v_{E}}{R+h}\right)\delta K_{GN}+\frac{\delta v_{E}}{R+h}-\frac{v_{E}}{(R+h)^{2}}\delta h-\omega_{ie}\sin L\delta L-\left(\omega_{ie}\sin L+\frac{v_{E}}{R+h}\tan L\right)\varphi_{E}-\frac{v_{N}}{R+h}+\varepsilon_{N}\tag{5.7}$$

$$\dot{\varphi}_{U}=\left(\omega_{ie}\sin L+\frac{v_{E}}{R+h}\tan L\right)\delta K_{GU}+\frac{\delta v_{E}}{R+h}\tan L-\frac{v_{E}\tan L}{(R+h)^{2}}\delta h+\left(\omega_{ie}\cos L+\frac{v_{E}}{R+h}\sec^{2}L\right)\delta L+\left(\omega_{ie}\cos L+\frac{v_{E}}{R+h}\right)\varphi_{E}+\frac{v_{N}}{R+h}\varphi_{N}+\varepsilon_{U}\tag{5.8}$$

其中，下标 E，N，U 分别表示地理坐标系中的东向、北向和天向；R 为地球半径；$\omega_{ie}=15°/\mathrm{h}$ 为地球自转角速率；ε_{E}，ε_{N}，ε_{U} 为从机体坐标系到地理坐标系的等效陀螺仪误差，即

$$[\varepsilon_{E}\quad\varepsilon_{N}\quad\varepsilon_{U}]^{T}=C_{b}^{g}\,[\varepsilon_{x}\quad\varepsilon_{y}\quad\varepsilon_{z}]^{T}\tag{5.9}$$

2. 速度误差方程

惯导输出的东向、北向和天向速度误差 δv_{E}，δv_{N}，δv_{U} 分别为

$$\delta\dot{v}_{E}=f_{E}\delta K_{AE}+f_{N}\varphi_{U}-f_{U}\varphi_{N}+\left(\frac{v_{N}}{R+h}\tan L-\frac{v_{U}}{R+h}\right)\delta v_{E}+\left(2\omega_{ie}\sin L+\frac{v_{E}}{R+h}\tan L\right)\delta v_{N}-\left(2\omega_{ie}\cos L+\frac{v_{E}}{R+h}\tan L\right)\delta v_{U}+\left(2\omega_{ie}\cos Lv_{N}+\frac{v_{E}v_{N}}{R+h}\sec^{2}L+2\omega_{ie}\sin Lv_{U}\right)\delta L+$$

$$\frac{v_E v_U - v_E v_N \tan L}{(R+h)^2}\delta h + \nabla_E \tag{5.10}$$

$$\begin{aligned}\delta \dot{v}_N =& f_N \delta K_{AN} + f_U \varphi_E - f_E \varphi_U - \left(2\omega_{ie}\sin L + \frac{v_E}{R+h}\tan L\right)\delta v_E - \\ & \frac{v_U}{R+h}\delta v_N - \frac{v_N}{R+h}\delta v_U - \left(2\omega_{ie}\cos L v_E + \frac{v_E^2}{R+h}\sec^2 L\right)\delta L + \\ & \frac{v_E^2 \tan L + v_N v_U}{(R+h)^2}\delta h + \nabla_N\end{aligned} \tag{5.11}$$

$$\begin{aligned}\delta \dot{v}_U =& f_U \delta K_{AU} + f_E \varphi_N - f_N \varphi_E + \left(2\omega_{ie}\cos L + \frac{v_E}{R+h}\right)\delta v_E + \\ & \frac{2v_N}{R+h}\delta v_N - 2\omega_{ie} v_E \sin L \delta L - \frac{v_E^2 + v_N^2}{(R+h)^2}\delta h + \nabla_U\end{aligned} \tag{5.12}$$

其中，∇_E，∇_N，∇_U 为从机体坐标系到地理坐标系的等效加速度计误差，即

$$[\nabla_E \quad \nabla_N \quad \nabla_U]^T = C_b^g [\nabla_x \quad \nabla_y \quad \nabla_z]^T \tag{5.13}$$

3. 位置误差方程

在地理坐标系中，当东、北、天向速度以及经度、纬度、高度分别存在误差 δv_E，δv_N，δv_U，$\delta\lambda$，δL，δh 时，纬度 L、经度 λ 和高度 h 的定位误差方程为

$$\delta \dot{L} = \frac{\delta v_N}{R+h} - \frac{v_N}{(R+h)^2}\delta h \tag{5.14}$$

$$\delta \dot{\lambda} = \frac{\delta v_E}{R+h}\sec L + \frac{v_E}{R+h}\sec L \tan L \delta L - \frac{v_E}{(R+h)^2}\sec L \delta h \tag{5.15}$$

$$\delta \dot{h} = \delta v_U \tag{5.16}$$

通过以上的误差分析，惯导系统的误差状态方程写为

$$\hat{\boldsymbol{X}}_{INS} = \boldsymbol{F}_{INS}\boldsymbol{X}_{INS} + \boldsymbol{G}_{INS}\boldsymbol{W}_{INS} \tag{5.17}$$

式中，$\boldsymbol{F}_{INS}$ 为状态一步转移矩阵；$\boldsymbol{G}_{INS}$ 为系统噪声分布矩阵；$\boldsymbol{W}_{INS}$ 为系统噪声。

5.4.2 Kalman 滤波实现组合导航

Kalman 滤波是一种递归的状态估计算法，它在导航、控制、通信等领域得到了广泛的应用，是众多信息融合算法在组合导航领域应用最广泛、最成功的算法。Kalman 滤波用状态方程描述系统动态模型，用测量方程描述系统观测模型，采用递推计算，不需要了解过去时刻的测量值，只需根据当前时刻的测量值和前一时刻的估计值，即可递推计算出当前时刻的估计值。采用 Kalman 滤波的组合导航系统可以显著提高导航系统的精度[173-174]。

假设系统状态向量 $\boldsymbol{X}$ 的动态模型为

$$\boldsymbol{X}_k = \boldsymbol{F}_{k,k-1}\boldsymbol{X}_{k-1} + \boldsymbol{G}_{k-1}\boldsymbol{W}_{k-1} \tag{5.18}$$

测量方程为

$$\boldsymbol{Z}_k = \boldsymbol{H}_k\boldsymbol{X}_k + \boldsymbol{V}_k \tag{5.19}$$

式中，$\boldsymbol{F}$ 为由 $k-1$ 时刻到 k 时刻的状态一步转移矩阵；$\boldsymbol{G}$ 为系统噪声分布矩阵；$\boldsymbol{H}$ 为测量矩阵；$\boldsymbol{W}$ 为系统激励噪声序列；$\boldsymbol{V}$ 为测量噪声序列，满足

$$\left.\begin{aligned} &E[\boldsymbol{W}_k]=0, \quad \mathrm{Cov}[\boldsymbol{W}_k,\boldsymbol{W}_j]=\boldsymbol{Q}_k\delta_{kj} \\ &E[\boldsymbol{V}_k]=0, \quad \mathrm{Cov}[\boldsymbol{V}_k,\boldsymbol{V}_j]=\boldsymbol{R}_k\delta_{kj} \\ &\mathrm{Cov}[\boldsymbol{W}_k,\boldsymbol{V}_j]=0 \end{aligned}\right\} \tag{5.20}$$

其中，$\boldsymbol{Q}_k$ 为系统噪声序列的方差阵；$\boldsymbol{R}_k$ 为测量噪声序列的方差阵。

采用集中 Kalman 滤波结构对上述系统进行滤波，算法步骤为

状态一步预测

$$\hat{\boldsymbol{X}}_{k|k-1} = \hat{\boldsymbol{F}}_{k|k-1}\hat{\boldsymbol{X}}_{k-1} \tag{5.21}$$

状态估计

$$\hat{\boldsymbol{X}}_k = \hat{\boldsymbol{X}}_{k|k-1} + \boldsymbol{K}_k(\boldsymbol{Z}_k - \boldsymbol{H}_k\hat{\boldsymbol{X}}_{k|k-1}) \tag{5.22}$$

滤波增益

$$\boldsymbol{K}_k=\boldsymbol{P}_{k/k-1}\boldsymbol{H}_k^{\mathrm{T}}\ (\boldsymbol{H}_k\boldsymbol{P}_{k/k-1}\boldsymbol{H}_k^{\mathrm{T}}+\boldsymbol{R}_k)^{-1} \tag{5.23}$$

一步预测均方误差

$$\boldsymbol{P}_{k/k-1}=\boldsymbol{F}_{k,k-1}\boldsymbol{P}_{k-1}\boldsymbol{F}_{k,k-1}^{\mathrm{T}}+\boldsymbol{G}_{k-1}\boldsymbol{Q}_{k-1}\boldsymbol{G}_{k-1} \tag{5.24}$$

估计均方误差

$$\boldsymbol{P}_k=(\boldsymbol{I}-\boldsymbol{K}_k\boldsymbol{H}_k)\boldsymbol{P}_{k/k-1} \tag{5.25}$$

在本书中，运用集中式 Kalman 滤波来实现惯导与无源导航的组合滤波，用高度表的输出来修正导弹的飞行高度，使用闭环反馈校正，选择惯导系统状态向量为

$$\begin{aligned}\boldsymbol{X}_{\mathrm{INS}}=[&\delta L\quad \delta\lambda\quad \delta h\quad \delta v_{\mathrm{E}}\quad \delta v_{\mathrm{N}}\quad \delta v_{\mathrm{U}}\quad \varphi_{\mathrm{E}}\quad \varphi_{\mathrm{N}}\quad \varphi_{\mathrm{U}}\\ &\varepsilon_{\mathrm{b}x}\quad \varepsilon_{\mathrm{b}y}\quad \varepsilon_{\mathrm{b}z}\quad \varepsilon_{\mathrm{r}x}\quad \varepsilon_{\mathrm{r}y}\quad \varepsilon_{\mathrm{r}z}\quad \nabla_x\quad \nabla_y\quad \nabla_z\\ &\delta K_{\mathrm{G}x}\quad \delta K_{\mathrm{G}y}\quad \delta K_{\mathrm{G}z}\quad \delta K_{\mathrm{A}x}\quad \delta K_{\mathrm{A}y}\quad \delta K_{\mathrm{A}z}]^{\mathrm{T}}\end{aligned} \tag{5.26}$$

式中，下标 x,y,z 表示弹体坐标系。

无源导航系统的状态向量为

$$\boldsymbol{x}'=[\delta L'\quad \delta\lambda'\quad \delta h']^{\mathrm{T}} \tag{5.27}$$

则组合导航系统的状态方程为

$$\boldsymbol{X}=\begin{bmatrix}\boldsymbol{F}_{\mathrm{INS}} & \boldsymbol{O}\\ \boldsymbol{O} & \boldsymbol{F}'\end{bmatrix}\begin{bmatrix}\boldsymbol{X}_{\mathrm{INS}}\\ \boldsymbol{x}'\end{bmatrix}+\begin{bmatrix}\boldsymbol{G}_{\mathrm{INS}} & \boldsymbol{O}\\ \boldsymbol{O} & \boldsymbol{I}\end{bmatrix}\begin{bmatrix}\boldsymbol{W}_{\mathrm{INS}}\\ \boldsymbol{W}'\end{bmatrix} \tag{5.28}$$

即

$$\hat{\boldsymbol{X}}_{27\times1}=\boldsymbol{F}_{27\times27}\boldsymbol{X}_{27\times1}+\boldsymbol{G}_{27\times12}\boldsymbol{W}_{12\times1} \tag{5.29}$$

式中，噪声分布矩阵 $\boldsymbol{G}$ 为

$$\boldsymbol{G}_{27\times12}=\begin{bmatrix}\boldsymbol{G}_{\mathrm{INS}} & \boldsymbol{O}\\ \boldsymbol{O} & \boldsymbol{I}\end{bmatrix}=\begin{bmatrix}\boldsymbol{O}_{6\times3} & \boldsymbol{O}_{6\times3} & \boldsymbol{O}_{6\times3} & \boldsymbol{O}_{6\times3}\\ \boldsymbol{C}_{\mathrm{b}}^{\mathrm{g}} & \boldsymbol{O}_{3\times3} & \boldsymbol{O}_{3\times3} & \boldsymbol{O}_{3\times3}\\ \boldsymbol{O}_{3\times3} & \boldsymbol{O}_{3\times3} & \boldsymbol{O}_{3\times3} & \boldsymbol{O}_{3\times3}\\ \boldsymbol{O}_{3\times3} & \boldsymbol{I}_{3\times3} & \boldsymbol{O}_{3\times3} & \boldsymbol{O}_{3\times3}\\ \boldsymbol{O}_{3\times3} & \boldsymbol{O}_{3\times3} & \boldsymbol{I}_{3\times3} & \boldsymbol{O}_{3\times3}\\ \boldsymbol{O}_{6\times3} & \boldsymbol{O}_{6\times3} & \boldsymbol{O}_{6\times3} & \boldsymbol{O}_{6\times3}\\ \boldsymbol{O}_{3\times3} & \boldsymbol{O}_{3\times3} & \boldsymbol{O}_{3\times3} & \boldsymbol{I}_{3\times3}\end{bmatrix} \tag{5.30}$$

系统噪声 **W** 为

$$\boldsymbol{W}_{12\times 1}=\begin{bmatrix}\boldsymbol{W}_{\mathrm{INS}}\\ \boldsymbol{W}'\end{bmatrix}=[w_{gx}\quad w_{gy}\quad w_{gz}\quad w_{rx}\quad w_{ry}\quad w_{rz}\quad w_{Ax}\quad w_{Ay}\quad w_{Az}\quad w_{L'}\quad w_{\lambda'}\quad w_{h'}]^{\mathrm{T}}\tag{5.31}$$

状态一步转移矩阵 **F** 中的非零项为

$$\boldsymbol{F}_{1,3}=-\frac{v_{\mathrm{N}}}{(R+h)^2}\qquad \boldsymbol{F}_{1,5}=\frac{1}{R+h}$$

$$\boldsymbol{F}_{2,1}=\frac{v_{\mathrm{E}}}{R+h}\sec L\tan L\qquad \boldsymbol{F}_{2,3}=-\frac{v_{\mathrm{E}}}{(R+h)^2}\sec L$$

$$\boldsymbol{F}_{2,4}=\frac{\sec L}{R+h}\qquad \boldsymbol{F}_{3,6}=1$$

$$\boldsymbol{F}_{4,1}=2\omega_{\mathrm{ie}}\cos Lv_{\mathrm{N}}+\frac{v_{\mathrm{E}}v_{\mathrm{N}}}{R+h}\sec^2 L+2\omega_{\mathrm{ie}}\sin Lv_{\mathrm{U}}$$

$$\boldsymbol{F}_{4,3}=\frac{v_{\mathrm{E}}v_{\mathrm{U}}-v_{\mathrm{E}}v_{\mathrm{N}}\tan L}{(R+h)^2}\qquad \boldsymbol{F}_{4,4}=\frac{v_{\mathrm{N}}}{R+h}\tan L-\frac{v_{\mathrm{U}}}{R+h}$$

$$\boldsymbol{F}_{4,5}=2\omega_{\mathrm{ie}}\sin L+\frac{v_{\mathrm{E}}}{R+h}\tan L\qquad \boldsymbol{F}_{4,6}=-\left(2\omega_{\mathrm{ie}}\cos L+\frac{v_{\mathrm{E}}}{R+h}\right)$$

$$\boldsymbol{F}_{4,8}=-f_{\mathrm{U}}\qquad \boldsymbol{F}_{4,9}=f_{\mathrm{N}}$$

$$\boldsymbol{F}_{4,16}=\boldsymbol{C}_{\mathrm{b}}^{\mathrm{g}}(1,1)\qquad \boldsymbol{F}_{4,17}=\boldsymbol{C}_{\mathrm{b}}^{\mathrm{g}}(1,2)$$

$$\boldsymbol{F}_{4,18}=\boldsymbol{C}_{\mathrm{b}}^{\mathrm{g}}(1,3)\qquad \boldsymbol{F}_{4,22}=\boldsymbol{C}_{\mathrm{b}}^{\mathrm{g}}(1,1)f_x$$

$$\boldsymbol{F}_{4,23}=\boldsymbol{C}_{\mathrm{b}}^{\mathrm{g}}(1,2)f_y\qquad \boldsymbol{F}_{4,24}=\boldsymbol{C}_{\mathrm{b}}^{\mathrm{g}}(1,3)f_z$$

$$\boldsymbol{F}_{5,1}=-\left(2\omega_{\mathrm{ie}}\cos Lv_{\mathrm{E}}+\frac{v_{\mathrm{E}}^2\sec^2 L}{R+h}\right)\qquad \boldsymbol{F}_{5,3}=\frac{v_{\mathrm{E}}^2\tan L+v_{\mathrm{N}}v_{\mathrm{U}}}{(R+h)^2}$$

$$\boldsymbol{F}_{5,4}=-2\left(\omega_{\mathrm{ie}}\sin L+\frac{v_{\mathrm{E}}}{R+h}\tan L\right)\qquad \boldsymbol{F}_{5,5}=-\frac{v_{\mathrm{U}}}{R+h}$$

$$\boldsymbol{F}_{5,6}=-\frac{v_{\mathrm{N}}}{R+h}\qquad \boldsymbol{F}_{5,7}=\varphi_{\mathrm{U}}$$

$$\boldsymbol{F}_{5,9}=-f_{\mathrm{E}}\qquad \boldsymbol{F}_{5,16}=\boldsymbol{C}_{\mathrm{b}}^{\mathrm{g}}(2,1)$$

$$\boldsymbol{F}_{5,17}=\boldsymbol{C}_{\mathrm{b}}^{\mathrm{g}}(2,2)\qquad \boldsymbol{F}_{5,18}=\boldsymbol{C}_{\mathrm{b}}^{\mathrm{g}}(2,3)$$

$$\boldsymbol{F}_{5,22}=\boldsymbol{C}_{\mathrm{b}}^{\mathrm{g}}(2,1)f_x \qquad \boldsymbol{F}_{5,23}=\boldsymbol{C}_{\mathrm{b}}^{\mathrm{g}}(2,2)f_y$$

$$\boldsymbol{F}_{5,24}=\boldsymbol{C}_{\mathrm{b}}^{\mathrm{g}}(2,3)f_z \qquad \boldsymbol{F}_{6,1}=-2\omega_{\mathrm{ie}}v_{\mathrm{E}}\sin L$$

$$\boldsymbol{F}_{6,3}=\frac{v_{\mathrm{E}}^2+v_{\mathrm{N}}^2}{(R+h)^2} \qquad \boldsymbol{F}_{6,4}=2\omega_{\mathrm{ie}}\cos L+\frac{v_{\mathrm{E}}}{R+h}$$

$$\boldsymbol{F}_{6,5}=\frac{2v_{\mathrm{N}}}{R+h} \qquad \boldsymbol{F}_{6,7}=-f_{\mathrm{N}}$$

$$\boldsymbol{F}_{6,8}=f_{\mathrm{E}} \qquad \boldsymbol{F}_{6,16}=\boldsymbol{C}_{\mathrm{b}}^{\mathrm{g}}(3,1)$$

$$\boldsymbol{F}_{6,17}=\boldsymbol{C}_{\mathrm{b}}^{\mathrm{g}}(3,2) \qquad \boldsymbol{F}_{6,18}=\boldsymbol{C}_{\mathrm{b}}^{\mathrm{g}}(3,3)$$

$$\boldsymbol{F}_{6,22}=\boldsymbol{C}_{\mathrm{b}}^{\mathrm{g}}(3,1)f_x \qquad \boldsymbol{F}_{6,23}=\boldsymbol{C}_{\mathrm{b}}^{\mathrm{g}}(3,2)f_y$$

$$\boldsymbol{F}_{6,24}=\boldsymbol{C}_{\mathrm{b}}^{\mathrm{g}}(3,3)f_z \qquad \boldsymbol{F}_{7,3}=\frac{v_{\mathrm{N}}}{(R+h)^2}$$

$$\boldsymbol{F}_{7,5}=-\frac{1}{R+h} \qquad \boldsymbol{F}_{7,8}=\omega_{\mathrm{ie}}\sin L+\frac{v_{\mathrm{E}}}{R+h}\tan L$$

$$\boldsymbol{F}_{7,9}=-\left(\omega_{\mathrm{ie}}\cos L+\frac{v_{\mathrm{E}}}{R+h}\right) \qquad \boldsymbol{F}_{7,10}=\boldsymbol{C}_{\mathrm{b}}^{\mathrm{g}}(1,1)$$

$$\boldsymbol{F}_{7,11}=\boldsymbol{C}_{\mathrm{b}}^{\mathrm{g}}(1,2) \qquad \boldsymbol{F}_{7,12}=\boldsymbol{C}_{\mathrm{b}}^{\mathrm{g}}(1,3)$$

$$\boldsymbol{F}_{7,13}=\boldsymbol{C}_{\mathrm{b}}^{\mathrm{g}}(1,1) \qquad \boldsymbol{F}_{7,14}=\boldsymbol{C}_{\mathrm{b}}^{\mathrm{g}}(1,2)$$

$$\boldsymbol{F}_{7,15}=\boldsymbol{C}_{\mathrm{b}}^{\mathrm{g}}(1,3) \qquad \boldsymbol{F}_{7,19}=\boldsymbol{C}_{\mathrm{b}}^{\mathrm{g}}(1,1)\omega_x$$

$$\boldsymbol{F}_{7,20}=\boldsymbol{C}_{\mathrm{b}}^{\mathrm{g}}(1,2)\omega_y \qquad \boldsymbol{F}_{7,21}=\boldsymbol{C}_{\mathrm{b}}^{\mathrm{g}}(1,3)\omega_z$$

$$\boldsymbol{F}_{8,1}=-\omega_{\mathrm{ie}}\sin L \qquad \boldsymbol{F}_{8,3}=-\frac{v_{\mathrm{E}}}{(R+h)^2}$$

$$\boldsymbol{F}_{8,4}=\frac{1}{R+h} \qquad \boldsymbol{F}_{8,7}=-\left(\omega_{\mathrm{ie}}\sin L+\frac{v_{\mathrm{E}}}{R+h}\tan L\right)$$

$$\boldsymbol{F}_{8,9}=-\frac{v_{\mathrm{N}}}{R+h} \qquad \boldsymbol{F}_{8,10}=\boldsymbol{C}_{\mathrm{b}}^{\mathrm{g}}(2,1)$$

$$\boldsymbol{F}_{8,11}=\boldsymbol{C}_{\mathrm{b}}^{\mathrm{g}}(2,2) \qquad \boldsymbol{F}_{8,12}=\boldsymbol{C}_{\mathrm{b}}^{\mathrm{g}}(2,3)$$

$$\boldsymbol{F}_{8,13}=\boldsymbol{C}_{\mathrm{b}}^{\mathrm{g}}(2,1) \qquad \boldsymbol{F}_{8,14}=\boldsymbol{C}_{\mathrm{b}}^{\mathrm{g}}(2,2)$$

$$\boldsymbol{F}_{8,15}=\boldsymbol{C}_{\mathrm{b}}^{\mathrm{g}}(2,3) \qquad \boldsymbol{F}_{8,19}=\boldsymbol{C}_{\mathrm{b}}^{\mathrm{g}}(2,1)\omega_x$$

$$\boldsymbol{F}_{8,20}=\boldsymbol{C}_{\mathrm{b}}^{\mathrm{g}}(2,2)\omega_y \qquad \boldsymbol{F}_{8,21}=\boldsymbol{C}_{\mathrm{b}}^{\mathrm{g}}(2,3)\omega_z$$

$$\boldsymbol{F}_{9,1}=\omega_{\mathrm{ie}}\cos L+\frac{v_{\mathrm{E}}}{R+h}\sec^{2}L \qquad \boldsymbol{F}_{9,3}=-\frac{v_{\mathrm{E}}\tan L}{(R+h)^{2}}$$

$$\boldsymbol{F}_{9,4}=\frac{\tan L}{R+h} \qquad \boldsymbol{F}_{9,7}=\omega_{\mathrm{ie}}\cos L+\frac{v_{\mathrm{E}}}{R+h}$$

$$\boldsymbol{F}_{9,8}=\frac{v_{\mathrm{N}}}{R+h} \qquad \boldsymbol{F}_{9,10}=\boldsymbol{C}_{\mathrm{b}}^{\mathrm{g}}(3,1)$$

$$\boldsymbol{F}_{9,11}=\boldsymbol{C}_{\mathrm{b}}^{\mathrm{g}}(3,2) \qquad \boldsymbol{F}_{9,12}=\boldsymbol{C}_{\mathrm{b}}^{\mathrm{g}}(3,3)$$

$$\boldsymbol{F}_{9,13}=\boldsymbol{C}_{\mathrm{b}}^{\mathrm{g}}(3,1) \qquad \boldsymbol{F}_{9,14}=\boldsymbol{C}_{\mathrm{b}}^{\mathrm{g}}(3,2)$$

$$\boldsymbol{F}_{9,15}=\boldsymbol{C}_{\mathrm{b}}^{\mathrm{g}}(3,3) \qquad \boldsymbol{F}_{9,19}=\boldsymbol{C}_{\mathrm{b}}^{\mathrm{g}}(3,1)\omega_{x}$$

$$\boldsymbol{F}_{9,20}=\boldsymbol{C}_{\mathrm{b}}^{\mathrm{g}}(3,2)\omega_{y} \qquad \boldsymbol{F}_{9,21}=\boldsymbol{C}_{\mathrm{b}}^{\mathrm{g}}(3,3)\omega_{z}$$

$$\boldsymbol{F}_{13,13}=-1/\tau_{\mathrm{G}} \qquad \boldsymbol{F}_{14,14}=-1/\tau_{\mathrm{G}}$$

$$\boldsymbol{F}_{15,15}=-1/\tau_{\mathrm{G}} \qquad \boldsymbol{F}_{25,25}=-1/\tau'$$

$$\boldsymbol{F}_{26,26}=-1/\tau' \qquad \boldsymbol{F}_{27,27}=-1/\tau'$$

组合导航系统的测量向量为由 INS 输出的位置与无源导航和高度表输出的位置残差组成

$$\boldsymbol{Z}=[\delta L \quad \delta\lambda \quad \delta h]^{\mathrm{T}} \tag{5.32}$$

则系统测量方程为

$$\boldsymbol{Z}=\begin{bmatrix} L_{\mathrm{INS}}-L' \\ \lambda_{\mathrm{INS}}-\lambda' \\ h_{\mathrm{INS}}-h' \end{bmatrix}=\begin{bmatrix} \delta L_{\mathrm{INS}}-\delta L'+\delta L_{\varepsilon} \\ \delta\lambda_{\mathrm{INS}}-\delta\lambda'+\delta\lambda_{\varepsilon} \\ \delta h_{\mathrm{INS}}-\delta h'+\delta h_{\varepsilon} \end{bmatrix}=[\boldsymbol{H}_{1} \quad \boldsymbol{H}_{2}]\begin{bmatrix} \boldsymbol{X}_{\mathrm{INS}} \\ \boldsymbol{x}' \end{bmatrix}+\boldsymbol{V} \tag{5.33}$$

其中

$$\boldsymbol{H}_{1}=[\boldsymbol{I}_{3\times3} \quad \boldsymbol{O}_{3\times21}], \quad \boldsymbol{H}_{2}=[-\boldsymbol{I}_{3\times3}], \quad \boldsymbol{V}=[\delta L_{\varepsilon} \quad \delta\lambda_{\varepsilon} \quad \delta h_{\varepsilon}]^{\mathrm{T}}$$

5.4.3 仿真

为了验证无源导航的可行性，选择了某飞行器的飞行中段进行组合导航仿真实验。

假设该飞行器发射后经爬升、加速平飞进入以固定的方位作近似的水平匀速飞行，速度达到 0.7*Ma*，高度为 100 m，在该状态时加入无源导航。

飞行器飞行的主要参数为

初始位置：东经 110°，北纬 35°，高度 100 m；

初始状态：航向角 135°，俯仰角 0°，滚动角 0°，飞行中航向和姿态保持不变；

匀速状态的速度为 0.7*Ma*，飞行时间为 50 min。

表 5.1　惯性器件的性能指标

误差源	误差值
陀螺漂移	0.01°/h
陀螺测量白噪声	0.001°/h
加速度表偏置	$1\times10^{-4}g$
加速度测量白噪声	$1\times10^{-5}g$

表 5.2　滤波初始状态

误差状态	初　值
位置误差(经度、纬度、高度)	(50;50;30) (m)
速度误差(东、北、天)	(0.1;0.1;0.1) (m/s)
姿态误差(俯仰、滚动、偏航)	(0.1 °;0.1 °;0.1 °)

采用 Kalman 滤波器进行组合导航，高度表测量误差取 15 m，惯性器件的性能指标和滤波初始状态如表 5.1 和表 5.2 所示。惯导系统的解算周期为 20 ms，Kalman 滤波器的周期和无源导航系统的数据更新周期相同，均设为 2 s。为了验证组合导航的优越性，对组合导航和惯导的位置和速度误差进行仿真，仿真结果如图 5.4 至图 5.9 所示。

从图 5.4 可以看出，该飞行器在 50 min 的巡航状态飞行中，若仅使用惯性导航，随着飞行时间的增加，惯性导航位置误差不断积累，到 50 min 时东向偏差约为 4.3 km，北向偏差约为 4.2 km。若不对惯导系统进行修正，将远远达不到巡航导弹中、末段导航系统交接所要求的精度。从图 5.5 和图 5.6 可以看出，使用惯导与无源导航进行组合后，在整个飞行中段对惯导系统的修正效果很好，位置误差基本控制在 150 m 以内，可以满足巡航导弹中制导的精度要求。从图 5.7 至图 5.9 同样可以得出：若仅使用惯性导航，随着飞行时间的增加，惯性导航速度误差不断积累，而使用惯导与无源导航进行组合后，大大降低了速度误差。

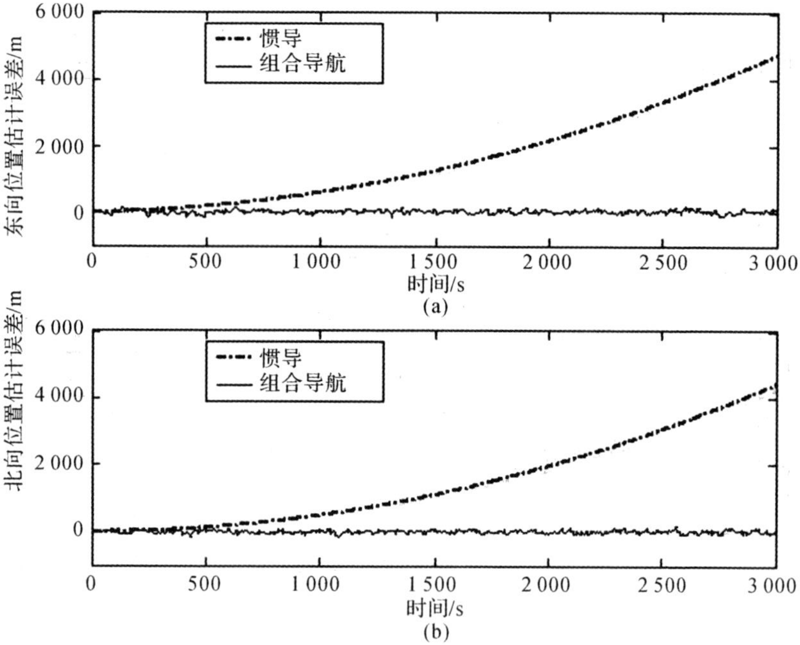

图 5.4　位置估计误差比较图

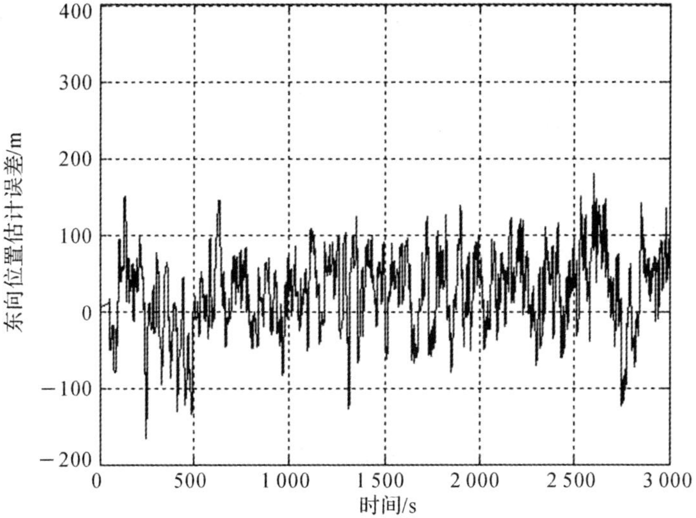

图 5.5　组合导航东向位置估计误差

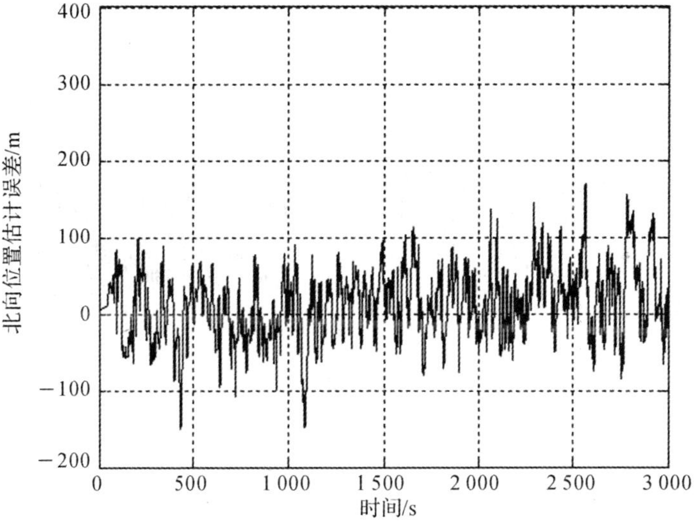

图 5.6　组合导航北向位置估计误差

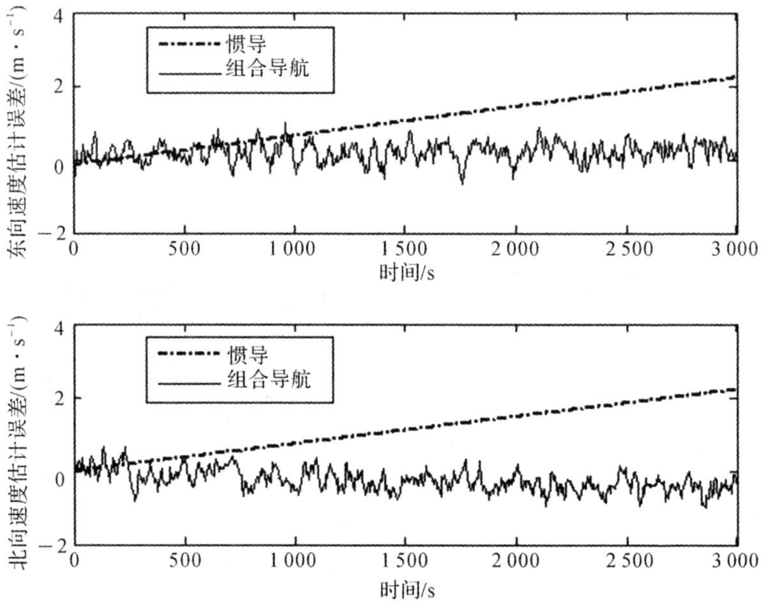

图 5.7 速度估计误差比较图

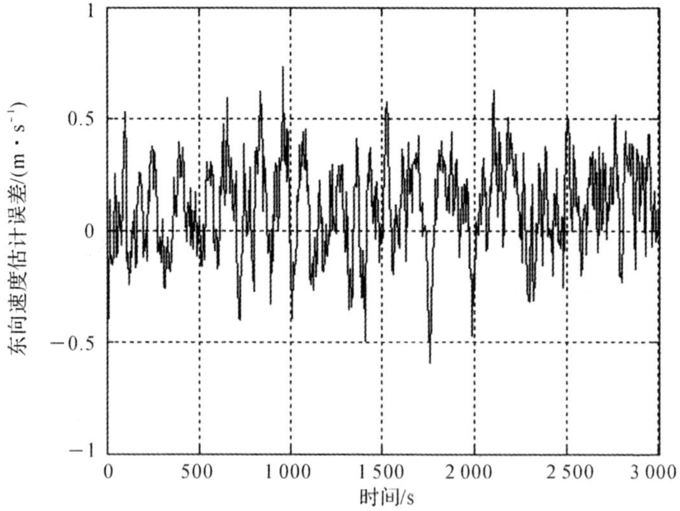

图 5.8 组合导航东向速度估计误差

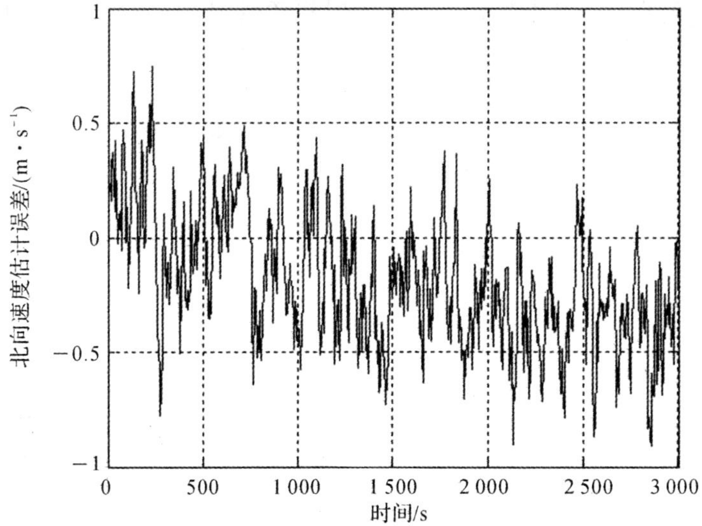

图 5.9　组合导航北向速度估计误差

因此，使用无源辅助导航与惯导进行组合导航可以解决惯导系统误差随时间积累的问题，虽然在定位精度上还无法与 INS/GPS 组合导航系统相比，但是这种组合导航方式能够最大限度地保障导航系统的自主性，具有很好的发展前景。

5.5 小　　结

空天飞行器导航制导与控制技术是航天航空领域的热门研究课题之一，随着军事的需求和发展，迫切需要提高导航系统的精度和稳定性，但是现有的导航技术总存在这样或那样的缺陷，因此开展新的导航技术研究显得非常迫切。本章根据模糊单站无源定位方法的特性和导弹导航技术发展的需要，提出了无源导航技术方案。

本章创新点如下：

将模糊单站无源定位方法应用到导航中，提出了一种新的导航思想。在建立了惯性导航系统误差模型的基础上，将 Kalman 滤波方法应用到惯导和无源导航组成的联邦滤波器中，从而提高了导航的精度。仿真实验结果表明这是一种有效的组合导航算法，较好地提高了导航的精度。

参 考 文 献

[1] 刘玉洲，周烨. 舰载非协作无源雷达综述[J]. 飞航导弹，2003，(12)：39 - 41.

[2] 单月晖，孙仲康，皇甫堪. 不断发展的无源定位技术[J]. 航天电子对抗，2002,(1)：36 - 42.

[3] 赵涛.单站无源定位系统接收机的设计与实现[D]. 上海:上海交通大学，2008，9.

[4] 王鼎，张莉，吴瑛. 基于角度信息的结构总体最小二乘无源定位算法[J]. 中国科学(F辑：信息科学)，2009，39(6)：663 - 672.

[5] 杨明盛. 基于多个外辐射源的单站无源定位与目标跟踪算法研究[D]. 成都:电子科技大学，2007.

[6] 隋红波，王鼎，吴瑛. 基于外辐射源的单站无源定位跟踪算法[J]. 计算机工程与设计，2008，29(7)：1838 - 1840.

[7] Tharmarasa R, Nandakumaran N, McDonald M, et al. Resolving transmitter - of - opportunity origin uncertainty in passive coherent location systems[A]. Signal and Data Processing of

Small Targets 2009, San Diego, CA, USA, 4 - 6 August 2009, 7445: 1 - 10.

[8] Tan D K P, Sun H, Lu Y, et al. Passive radar using Global System forMobile communication signal: theory, implementation and measurements. IEE Proc. - Radar Sonar Navigation, 2005, 152(3): 116 - 123.

[9] Deng Xinpu, Wang Qiang, Zhong Danxing. Observability of Airborne Passive Location System with Phase Difference Measurements[J]. China Jouranal of Aeronautics, 2008, 21(2): 149 - 154.

[10] 刘梅，权太范，姚天宾，等. 多传感器多目标无源定位跟踪算法研究[J]. 电子学报，2006，34(6)：991 - 995.

[11] Liu Gang, Yang Xiaojun, Guo Jinku. A new aided navigation based on a new single observation passive location algorithm [A]. Signal Processing 2008. ICSP 2008. 9th International Conference on 26 - 29 Oct. 2008:2372 - 2375.

[12] 唐小明，何友，夏明革. 基于机会发射的无源雷达系统发展评述[J]. 现代雷达,2002，24(2)：1 - 6.

[13] A Price. Instruments of darkness — The Struggle For radar Supremacy. William Kimber and Co:Ltd, 1967: 216 - 218.

[14] 于立. 外辐射源雷达目标检测技术研究[D]. 南京:南京理工

大学，2007.

[15] Peter B. Davenport. Using multistatic passive radar for real time detetion of UFO's in the near – earth encironment[A]. 2004 MUFON Symposium，1 – 16.

[16] Nordwall B D. "Silent Sentry" — A new type of radar[J]. Aviation Week & Space Technology. 1998(30):70 – 71.

[17] Griffith H D，Long N R W. Television based bistatic radar[A]. IEEE Proceedings Part F，1986，133(7)：649 – 657.

[18] Howland P E. Target tracking using television – based bistatic radar. IEEE Proc Radar Sonar Navigation，1999，146 (3):166 – 174.

[19] Poullin D，Lesturgie M. Radar multistatic emissions non – cooperatives[A]. In International Conference on Radar 1994[C]. Paris，1994，370 – 375.

[20] Carrara B，Tourtier P，Pecot M. Radar multistatique utilisant des emetteurs de television[A]. In International Conference on Radar 1994[C]. Paris，1994，426 – 431.

[21] Griffiths H D，Garnett A J，Baker G J，et al. Bistatit radar using satellite – borne illuminators of opportunity[A]. IEE Proceedings on Radar，1992:276 – 279.

[22] Volker Koch，Robert Westphal. A new approach to a multistatic

passive radar sensor for air defense[A]. IEEE International on Radar Conference, 1995: 22 - 28.

[23] Mchintosh J, Patent U S. Passive three dimensional track of non - cooperative targets through opportunistic use of global positional system(GPS) and GLONASS signals. USA: 310808, Sept. 1991.

[24] 柯边. 手机雷达——新的多基地无源雷达[J]. 航天电子对抗, 2003,(1): 21.

[25] Mendi M D, Sarkar B K. Passive Radar using Multiple GSM Transmitting Stations. Radar Symposium, May 2006:1 - 4.

[26] Lu L, Tan D K P, Sun H B. Air Target Detection and Tracking Using a Multi - Channel GSM Based Passive Radar, 2007 International Conference on Waveform Diversity and Design, 2007:122 - 126.

[27] 杨广平, 董士嘉. 无源雷达发展展望[J]. 电子科学技术评论, 2004,10(3):33 - 36.

[28] Shen J, Molisch F, Salmi J. Accurate Passive Location Estimation Using TOA Measurements[J]. IEEE Transactions on Wireless Communications, 2012, 11(6): 2182 - 2192.

[29] 龚享铱. 利用频率变化率和波达角变化率单站无源定位与跟踪的关键技术研究[D]. 长沙:国防科学技术大学, 2004.

[30] 刘伶俐. 固定单站无源定位方法研究[D]. 成都:西南交通大学, 2006.

[31] 孙仲康, 郭福成, 冯道旺, 等. 单站无源定位跟踪技术[M]. 北京: 国防工业出版社, 2008.

[32] Vincent J. Aidala, Kalman filter behavior in bearing — only tracking applications[J]. IEEE Transactions on Aerospace and Electronic Systems, 1979, 15(1): 29 - 39.

[33] Yaakov Bar - Shalom, Xiao - Rong Li. Estimation and tracking: principle, technique, and software [M]. London: Artech House, 1993.

[34] Song T L, Speyer J. A stochastic analysis of a modified gain extended Kalman filter with application to estimation with bearings only measurements[J]. IEEE Trans. on Automatic Control, 1985, 30(10):940 - 949.

[35] Galkowski P, Islam M. An alternative derivation of modified gain function of Song and Speyer[J]. IEEE Trans. on Automatic Control, 1991, 36(11): 1322 - 1326.

[36] Guerci J R, Goetz R, Dimodica J. A method for improving extended kalman filter performance for angle - only passive ranging[J]. IEEE Transactions on Aerospace and Electronic Systems, 1994, 30(4): 1090 - 1093.

[37] 郭福成，李宗华，孙仲康. 无源定位跟踪中修正协方差扩展Kalman滤波算法[J]. 电子与信息学报，2004，26(6)：917－922.

[38] Julier S J，Uhlmann J K. A New Extension of the Kalman Filter to Nonlinear Systems[A]. In Proc. Of AeroSense：The 11th Inr. Symp. On Aerospuce/Dejence Sensing，Simulation and Controls，1997：1－12.

[39] 魏星，万建伟，皇甫堪. 基于粒子滤波的单站无源定位跟踪新算法研究[J]. 通信学报，2005，26(12)：81－85.

[40] 刘普寅，吴孟达. 模糊理论及其应用[M]. 长沙：国防科技大学出版社，1998.

[41] Jazwinsky A H. Stochastic processes and filtering theory[M]. New York：Academic Press，1970.

[42] Jetto L，Longhil S，Vitali D. Localization of a wheeled mobile robot by sensor data fusion based on a fuzzy logic adapted Kalman filter[J]. Control Engineering Practice，1999(7)：763－771.

[43] 姚文国，刘贵喜，柳渊，等. INS/GPS组合导航系统模糊Kalman滤波算法研究[J]. 弹箭与制导学报，2006，27(3)：4－8.

[44] 岳晓奎，袁建平. 区间Kalman滤波算法及其在载波相位组合导航中的应用[J]. 西北工业大学学报，2005，23(1)：6－11.

[45] 马野，王孝通，付建国. 基于模糊Kalman滤波量测噪声自适应校正的方法研究[J]. 中国惯性技术学报，2005，13(2):24－26.

[46] 佟欣. 基于可能性理论的模糊可靠性设计[D]. 大连:大连理工大学, 2004.

[47] 黄洪钟. 对常规可靠性理论的批判性综述——兼论模糊可靠性理论的产生、发展和应用前景[J]. 机械设计, 1994, 11(3): 1-5.

[48] 张正明. 辐射无源定位研究[D]. 西安:西安电子科技大学, 2000.

[49] Taek L Song, Tae Yoon Um. Practical guidance for homing missiles with Bearing-Only measurements[J]. IEEE Transactions on Aerospace and Electronic Systems. 1996, 32(1): 434-443.

[50] Vincent J, Aidala. Kalman Filter behavior in Bearing-Only tracking applications[J]. IEEE Transactions on Aerospace and Electronic Systems. 1979, 15(1):29-39.

[51] Sherry E Hammel, Vincent J Aidala. Observability requirements for three — dimensional tracking via angle measurements[J]. IEEE Transactions on Aerospace and Electronic Systems. 1985, AES-21(2): 200-207.

[52] Webster R J. An Exact Trajectory Solution from Dopple Shift Mearsurement[J]. IEEE Transactions on Aerospace and Electronic Systems, 1982, 18(2): 249-252.

[53] Chen Y E, Rudnicki S W. Bearing-Only and Dopple-Bearing Tracking Using Instrumental Variables. IEEE Transactions on

Aerospace and Electronic Systems，1992，28(4)：1076－1083.

[54] 郭福成.基于运动学原理的单站无源定位与跟踪关键技术研究[D].长沙：国防科学技术大学，2002，10.

[55] 许耀伟，孙仲康. 利用相位差变化率对运动辐射源无源定位的研究[J]. 系统工程与电子技术，1999，21(8)：7－8.

[56] 郭福成，冯道旺，龚享铱，等. 基于运动学原理的被动定位跟踪地面试验研究[J]. 航空兵器，2005，22(5)：19－22.

[57] Glaude Jauffret，Denis Pillon. Observability in passive target motion analysis [J]. IEEE Transactions on Aerospace and Electronic Systems，1996，32(4)：1290－1300.

[58] Steven C Nardone，Vicent J Aidala. Observability criteria for bearing — only target motion analysis[J]. IEEE Transactions on Aerospace and Electronic System，1981，17(2)：162－166.

[59] Sherry E Hammel，Vincent J Aidala. Observability requirements for three — dimensional tracking via angle measurements[J]. IEEE Transactions on Aerospace and Electronic Systems，1985，21(2)：200－207.

[60] 孙仲康，周一宇，何黎星. 单多基地有源无源定位技术[M]. 北京：国防工业出版社，1996.

[61] Becker K. Passive location of Frequency－Agile Radars from Angle and Frequency Measurements [J]. IEEE Transactions on

Aerospace and Electronic Systems, 1999, 35(4):1129 - 1143.

[62] Deng X P, Liu Z, Jiang W L, et al. Passive location method and accuracy analysis with phase difference rate measurements[J]. IEE Proceedings, Radar, Sonar and Navigation, 2001, 148(5):302 - 307.

[63] Wang Qiang, Guo Fucheng, Zhou Yiyu. A single observer passive location method and accuracy analysis using phase difference rate of change only. 2008 International Conference onInformation and Automation, 2008:1030 - 1033.

[64] 牛新亮，赵国庆，刘原华，等. 基于多普勒变化率的机载无源定位研究[J]. 系统仿真学报，2009，21(11)：3370 - 3373.

[65] 刁鸣，王越. 基于多普勒频率变化率的无源定位算法研究[J]. 系统工程与电子技术，2006，28(5)：696 - 698.

[66] 许耀伟. 一种快速高精度无源定位方法的研究[D]. 长沙：国防科技大学，1998.

[67] 孙仲康. 基于运动学原理的被动定位技术[J]. 制导与引信，2001，22(1)：40 - 44.

[68] 邓新蒲. 单站无源定位可观测性评述[J]. 中国工程科学，2007，9(11)：54 - 62..

[69] 韩令军，田增山，孙冬梅. 基于 EKF 算法的单站无源定位跟踪研究[J]. 空间电子技术，2009，(3)：39 - 42.

[70] 姜勤波，杨利锋，马红光. 机载单站多目标无源定位算法[J]. 系统工程与电子技术，2006，28(7)：946 - 949.

[71] Zhan Ronghui，Wan Jianwei. Iterated Unscented Kalman Filter for Passive Target Tracking [J]. IEEE Transactions on Aerospace and Electronic Systems，2007，43(3)：1155 - 1663.

[72] 王鼎，梁万祥，李常胜，等. 基于 UKF 的混合坐标系下运动辐射源的无源定位跟踪[J]. 系统工程与电子技术，2008,30(7)：1232 - 1236.

[73] 袁罡，陈鲸. 基于 UKF 的单站无源定位与跟踪算法[J]. 电子与信息学报，2008，30(9)：2120 - 2123.

[74] Rao S. Koteswara. Doppler - bearing Passive Target Tracking Using a Parameterized Unscented Kalman Filter [J]. IETE Journal of Research，2010，56(1)：69 - 75.

[75] Jalier S J，Uhlmann J K. Unscented Filtering and Nonlinear Estimation[J]. Proc. of the IEEE，2004，92(3):401 - 422.

[76] Fu Zhong，Guo Qiang，Zhang Lei. Application of particle filtering in single observer passive location[A]. Proceedings of the 25th Chinese Control Conference,Harbin，2006：7 - 11.

[77] Li H W，Wang J. Particle filter for manoeuvring target tracking via passive radar measurements with glint noise[J]. IET Radar Sonar and Navigation，2012，6(3)：180 - 189.

[78] 杨争斌，钟丹星，郭福成，等. 基于 UT 的混合粒子滤波单站无源定位算法[J]. 信号处理，2008，24(4)：586 - 590.

[79] 何秀凤，杨光. 扩展区间 Kalman 滤波器及其在 GPS/ INS 组合导航中的应用[J]. 测绘学报，2004，33(1)：47 - 53.

[80] Matía F, Jiménez A, Rodríguez - Losada D, et al. Anovel fuzzy Kalman filter for mobile robots localization [J]. Information Processing and Management of Uncertainty in Knowledge - based Systems(IPMU),Perugia, Italia, 2004, 1 - 8.

[81] Julio Romero Agüero, Alberto Vargas. Calculating Functions of Interval Type - 2 Fuzzy Numbers for Fault Current Analysis[J]. IEEE Transactions on Fuzzy Systems, 2007, 15(1):31 - 41.

[82] Koussoulas K T, L Eondes C T. On the Sensitivity of a Discrete - time Kalman Filter to Plant Dynamics Modelling Errors[J]. International Journal of System Science, 1986, 17 (6): 937 - 941.

[83] Jianxin Feng, Zidong Wang, Ming Zeng. Distributed weighted robust Kalman filter fusion for uncertain systems with autocorrelated and cross - correlated noises. Information Fusion, 2013, 14(1): 78 - 86.

[84] Sangu Kiam S. Analysis of Discrete - time Kalman Filter Under Incorrect Noise Covariance[J]. IEEE Transactions on Automatic

Control, 1990, 35(12): 1304 - 309.

[85] Junjie Liu, Eugenia Kalnay, Takemasa Miyoshi. Analysis sensitivity calculation in an ensemble Kalman filter [J]. Quarterly Journal of the Royal Meteorological Society, 2009, 135 (644): 1842 - 1851.

[86] Dragan Antic, Saga Nikolic Milojkovic, Marko. Sensitivity Analysis of Imperfect Systems Using Almost Orthogonal Filters [J]. Acta Polytechnica Hungarica, 2011, 8(6): 79 - 94.

[87] Kezhen Han, Xiaoheng Chang. Parameter - dependent Robust H - infinity Filter Design for Uncertain Discrete - time Systems with Quantized Measurements [J]. International Journal of Control Automation and Systems, 2013, 11(1): 194 - 199.

[88] Yanqing Liu, Yanyan Yin, Fei Liu. Continuous Gain Scheduled H - infinity Observer for Uncertain Nonlinear System with Time -delay and Actuator Saturation[J]. International Journal of Innovative Computing Information and Control, 2012, 8(12): 8077 - 8088.

[89] HyoSung Ahn, YoungSoo Kim, YangQuan Chen. An interval Kalman filtering with minimal conservatism [J]. Applied Mathematics and Computation, 2012, 218(18): 9563 - 9570.

[90] 杨晓君，陆芳，郭金库，等. 模糊单站无源定位方法[J]. 清华

大学学报,2011,51(1):25 - 29.

[91] Kobayashi K, Cheok K C, Watanabe K. Fuzzy logic rule - based Kalman filter for estimating true speed of a ground vehicle, Intell[J]. Automat. Soft Comput. 1995, 1: 179 - 190.

[92] Chuanyin Tang , Guangyao Zhao, Yimin Zhang. The Application of Fuzzy Logic Control Algorithm to Active Suspensions of Vehicles[J]. Applied Mathematics & Information Sciences, 2012, 6(3): 855 - 862.

[93] Tzuu Hseng S Li, Yute Su, Shao - Hsien Liu. Dynamic Balance Control for Biped Robot Walking Using Sensor Fusion, Kalman Filter, and Fuzzy Logic[J]. IEEE Transactions on Industrial Electrontics, 2012, 59(11): 4394 - 4408.

[94] Ip Y L, Rad A B, Wong Y K. A Localization Algorithm for Autonomous Mobile Robots via a Fuzzy Tuned Extended Kalman Filter[J]. Advanced Robortics, 2010, 24(1): 179 - 206.

[95] Chen G, Xie Q, Shieh L S. Fuzzy Kalman filtering, Information of Science[A]. 1998, 109(4): 197 - 209.

[96] Oussalah M, Schutter J D. Possibilistic Kalman filtering for radar 2D tracking[J]. Information of Science. 2000, 130: 85 - 107.

[97] Matía F, Jiménez A, Al - Hadithi B M, et al. The fuzzy Kalman filter: State estimation using possibilistic techniques[J]. Fuzzy Sets

and Systems, 2006, 157(16): 2145 - 2170.

[98] Zhou Zhijie, Hu Changhua, Hongdong Fan, et al. Fault prediction of the nonlinear systems with uncertainty [J]. Simulation Modelling Practice and Theory, 2008, 16(6), 690 - 700.

[99] Zadeh, L A. Fuzzy sets[J]. Information and Control, 1965, 8(3): 338 - 353.

[100] 董玉革. 机械模糊可靠性设计[M]. 北京: 机械工业出版社, 2000.

[101] Zadeh, L A. Fuzzy sets as a basis for a theory of possibility[J]. Fuzzy Sets and Systems, 1978, 100(1): 9 - 34.

[102] 佟欣. 基于可能性理论的模糊可靠性设计[D]. 大连:大连理工大学, 2004.

[103] 胡来招. 无源定位[M]. 北京:国防工业出版社,2004.

[104] 周亚强. 基于视在加速度信息的单站无源定位与跟踪关键技术研究及其试验[D]. 长沙:国防科学技术大学, 2005.

[105] 曲长文, 徐征, 蒋波,等. 固定单站无源定位与跟踪技术综述[J]. 中国雷达, 2009,(4): 13 - 17.

[106] Xiaojun Yang, Gang Liu, Jinku Guo. A single observation passive location algorithm based on phase - difference and Doppler frequency rate of change[A]. IEEE International Conference on Systems, Man and Cybernetics(SMC 2008), 2008:1309 - 1313.

[107] Liu Shunlan, Zhang Yuan. The performance of Single Observer Passive Location using Bearings - Only with the Modified UKF [A]. 2006 6th International Conference on ITS Telecommunications Proceedings, 2006: 230 - 233.

[108] 郭丽娜. 基于相位差变化率的无源定位技术研究与实现[D]. 哈尔滨:哈尔滨工程大学,2006.

[109] Guo Fucheng, Sun Zhongkang, The observability analysis of 2 - D and its changing rate measurement[A]. The 2002 single observer emitter location using international conference on control and automation(ICCA'02), June, 2002, 16 - 19.

[110] CHAN Y T, REA T A. Passive tracking Scheme for a Single Stationary Observer[J]. IEEE Transactions on Aerospace and Electronic System, 2002, 38(3): 1046 - 1054.

[111] Fulghum D A. Passive System Hints At Stealth Detection[M]. Aviation Week & Space Technology, 1998.

[112] 郁亮. 单站无源定位跟踪技术研究[D]. 成都:电子科技大学, 2006.

[113] 王越. 基于多普勒频率变化率的无源定位技术研究[D]. 哈尔滨:哈尔滨工程大学, 2006.

[114] Xiu Jianjuan, He You, Xiu Jianhua. Bearing measurements association algorithm in passive location system [A]. 3rd

International Conference onComputational Electromagnetics and its Applications，2004:356 - 359.

[115] 刘宗敏.数字测向和单站无源定位理论研究[D].南京:南京航空航天大学，2007.

[116] 朱朝晖. 时差定位原理及其应用[J]. 无线电工程，2006,6(8)：51 - 53.

[117] Fei Linghan，Yin Jinrong，Xu Bing,等. Passive Location Using TDOA Measurements In Four SitesRadar [A]. International Conference on Radar，Oct. 2006 Page(s):1 - 4.

[118] Cao Yi chao，Fang Jian - an. Constrained Kalman Filter for Localization and Tracking Based on TDOA and DOA Measurements[J]. International Conference on Signal Processing Systems，2009，28 - 33.

[119] Elkamchouchi H，Mofeed，MAE. Direction - of - arrival methods (DOA) and time difference of arrival (TDOA) position location technique[A]. 2005 International Conference onRadio Science，NRSC 2005，173 - 182.

[120] 刘忠锋，石章松. 基于方位时差的多站协同目标跟踪[J].武汉：武汉理工大学学报，2008，32(2)：615 - 618.

[121] 于振海.多普勒无源定位[D].西安:西安电子科技大学，2006.

[122] Chen Y T，Towers J J. Sequential Localization of a Radiating

Source by Dopple — Shifted Frequency Mearsurements[A]. IEEE Transactions on Aerospace and Electronic Systems, 1992, 28(4): 1084 - 1089.

[123] 曲长文. 多普勒定位技术的研究. 舰船电子对抗[J]. 1997, (3):1 - 5.

[124] 卢鑫, 朱伟强, 郑同良. 多普勒频差无源定位方法研究[J]. 航天电子对抗, 2008, 24(3): 40 - 43.

[125] 朱洁, 张冰. 方位/多普勒频率联合单站无源定位方法[J]. 火力与指挥控制, 2008, 33(5): 48 - 50.

[126] Ho K C, Xu Wenwei. An accurate algebraic solution for moving source location using TDOA and FDOA measurements[J]. IEEE Transactions on Signal Processing, 2004, 52(9): 2453 - 2463.

[127] Paul C Chestnut. Emitter Location Accuracy Using TDOA and Differential Doppler[J]. IEEE Transactions on Aerospace and Electronic Systems, 1998, 18(2): 214 - 218.

[128] Chen Y E, Rudnicki S W. Bearing — Only and Dopple — Bearing Tracking Using Instrumental Variables[J]. IEEE Transactions on Aerospace and Electronic Systems, 1992, 28(4): 1076 - 1083.

[129] Song T L. Observability of target tracking with bearings - only measurements[J]. IEEE Transactions on Aerospace and

Electronic Systems. 1996,324, 32(4):1468 - 1471.

[130] Zhang Xin, Willett P, Bar - Shalom Y. Dynamic Cramér - Rao Bound for Target Tracking in Clutter[J]. IEEE Trans. on AES, 2005, 41(4):1154 - 1167 .

[131] 占荣辉，郁春来，辛勤，等. 机动目标跟踪误差 CRLB 计算与分析[J]. 国防科技大学学报，2007，29(5)：89 - 94.

[132] Bar - Shalom, Li X R, Kirubarajan T. Estimation with Applications to Tracking and Navigation[J]. New York: John Wiley & Sons, Inc. , 2001.

[133] Bell B M, Cathey F W. The Iterated Kalman Filter as a Gauss - Newton Method[J]. IEEE Transactions on Automatic Control, 1993, 38(2): 294 - 297.

[134] Yong - An Zhang, Di Zhou, Guang - ren Duan, An adaptive iterated kalman filter[A]. IMACS multiconference on CESA, 2006, 1727 - 1730.

[135] Chen Guanrong, Wang Jianrong, Leang S Shieh. Interal Kalman filter [J]. IEEE Transactions on Aerospace and Electronic Systems, 1997, 33(1): 250 - 259.

[136] 张洪钺. 现代控制理论(第三册:最佳估计理论)[M]. 北京：北京航空学院出版社，1987.

[137] Zhan Ronghui, Wan Jianwei. Iterated Unscented Kalman Filter

for Passive Target Tracking [M]. IEEE Transactions on Aerospace and Electronic Systems, 2007, 43(3): 1155 - 1663.

[138] 李良群,姬红兵,罗军辉. 迭代扩展 Kalman 粒子滤波器[J]. 西安:西安电子科技大学学报, 2007, 34(2): 233 - 238.

[139] 侯代文,殷福亮. 基于迭代中心差分 Kalman 滤波的跟踪方法[J]. 电子与信息学报, 2008, 30(7): 1634 - 1639.

[140] 郭文艳,韩崇昭,雷明. 迭代无迹 Kalman 粒子滤波的建议分布[J]. 清华大学学报, 2007, 47(2): 1866 - 1869.

[141] 谢恺,金波,周一宇. 基于迭代测量更新的 UKF 方法[J]. 华中科技大学学报, 2007, 35(11): 13 - 17.

[142] 李骞,冯金富,彭志专,等. 基于 IEK - PF 的多传感器序贯融合跟踪[J]. 系统仿真学报, 2009, 21(9): 2531 - 2534.

[143] Niu Xinliang, Zhao Guoqing, Liu Yuanhua, et al. An improvement on the iterated Kalman filter[A]. IET Internationa Radar Conference, 2009, 1 - 4

[144] Fang J, Gong X. Predictive Iterated Kalman Filter for INS/GPS Integration and Its Application to SAR Motion Compensation[J]. IEEE Transactions on Instrumentation and Measurement, Digital Object Identifier 2010, 59(4): 909 - 915.

[145] Li Liangqun, Ji Hongbing, Luo Junhui. The iterated extended Kalman particle filter[A]. IEEE international conference on

Communication and InformationTechnology, 2005, 1213 - 1216.

[146] Yaakov Bar Shalom, Xiao Rong Li. Estimation and tracking: principle, technique, and software [M]. Artech House, London, 1993.

[147] Yang Xiaojun, Zou Hongxing, Liu Daizhi, etc. Passive location of the nonlinear systems with fuzzy uncertainty[J]. Simulation Modelling Practice and Theory, 2010 18(3):304 - 316.

[148] Yang Xiaojun, Zou Hongxiong, Liu Daizhi, etc. An iterated fuzzy extended Kalman filter for nonlinear systems[J]. International Journal of Systems Science,2010, 41(6): 717 - 726.

[149] Dimitri P Bertsekas. Nonlinear programming [M]. Belmont, Massachusetts: Athena Scientific, 1999.

[150] 秦永元. 惯性导航[M]. 北京: 科学出版社, 2006.

[151] 张宗麟. 惯性导航与组合导航[M]. 北京: 航空工业出版社, 2000.

[152] 孙仲康, 陈辉煌. 定位导航与制导[M]. 北京: 国防工业出版社, 1987.

[153] 倪金生. 导航定位技术理论与实践[M]. 北京: 电子工业出版社, 2008.

[154] 肖乾. 多传感器组合导航系统信息融合技术研究[D]. 哈尔滨工程大学, 2005.

[155] 柯熙政. 亚音速飞行器组合导航方案研究[D]. 西安:第二炮兵工程学院，2002.

[156] 朱国栋，雷虎民. 巡航导弹的GPS/INS组合导航系统研究[J]. 探测与控制学报，2007，29(B08)：31－34.

[157] 张怡，杨晓亚，王永生. INS/GPS/TAN 组合导航系统建模与仿真[J]. 弹箭与制导学报，2006，26(1)：29－31,34.

[158] 姚文国，刘贵喜，柳渊，等. INS/GPS 组合导航系统模糊 Kalman 滤波算法研究[J]. 弹箭与制导学报，2007，27(3)：4－6,10.

[159] PRASAD R，RUGGIERI M. Applied Satellite Navigation Using GPS，GALILEO，and Augmentation Systems [M]. Artech House，2005.

[160] GREWAL M S，WEILL L R，ANDREWS A P. Global Positioning Systems，Inertial Navigation，and Integration [M]. Wiley－Interscience，2007.

[161] 何友，王国宏，彭应宁，等. 多传感器信息融合及应用[M]. 北京：电子工业出版社，2000.

[162] Waltz E，Llinas J. Multisensor data fusion [M]. Norwood，MA：Artech House，1990.

[163] Bar－Shalom Y，Li X R，Kirubarajan T. Estimation with applications to tracking and navigation：theory，algorithms，and

software [M]. New York: Wiley, 2001.

[164] Hall D L, McMullen S A H. Mathematical techniques in multisensor data fusion. [M]. Boston, MA: Artech House, 2004.

[165] 段战胜. 多传感器信息融合及目标跟踪理论与算法研究[D]. 西安: 西安交通大学, 2005.

[166] 何友, 彭应宁, 陆大琻. 多传感器数据融合模型综述[J]. 1996, 36 (9): 14 - 20.

[167] Llinas J, Waltz E. Multisensor data fusion [M]. Artech House, Norwood, Massachusetts, 1990.

[168] Waltz E, Llinas J. Multisensor data fusion [M]. Norwood, MA: Artech House, 1990.

[169] Basseville M. Detecting changes in signals and systems: a survey [J]. Automatica, 1988, 24(3):309 - 326

[170] Frank P M. Fault diagnosis in dynamics systems using analytical and knowledge - based redundancy: a survey and some new results [J]. Automatica, 1990, 26(3): 459 - 474.

[171] 杨露菁, 余华. 多传感器融合理论与应用[M]. 北京邮电大学出版社, 北京,2005.

[172] 刘俊强, 苗克坚, 霍华. 分布式检索系统中基于混合模型的多站点融合[J]. 计算机工程与应用, 2008, 44(1): 155 - 158.

[173] 张国良, 曾静. 组合导航原理与技术[M]. 西安: 西安交通大学

出版社，2008.

[174] 董绪荣，张守信，华仲春. GPS/INS 组合导航定位及其应用[M]. 长沙：国防科技大学出版社，1998.

[175] 李刚，鲜勇，刘刚. 巡航段导弹纯惯导误差分析[J]. 广电与控制，2010，17(1)：31－34.

[176] 鲜勇，蔡新建. 地形匹配修正陀螺仪误差漂移系数研究[J]. 飞行力学，2009，27(6)：80－83.

[177] 梅硕基. 惯性仪器测试与数据分析[M]. 西安：西北工业大学出版社，1991.